Animal Nutrition Conference of Canada (ANCC 2023)

Strengthening the Nutritional Foundation for Animal and Industry Resiliency

Montreal, Canada
9 - 11 May 2023

ISBN: 978-1-7138-7627-4

Printed from e-media with permission by:

Curran Associates, Inc.
57 Morehouse Lane
Red Hook, NY 12571

Some format issues inherent in the e-media version may also appear in this print version.

Printed by Curran Associates, Inc. (2024)

Animal Nutrition Society of Canada
150 Metcalfe Street, Suite 1301
Ottawa, Ontario K2P 1P1
Canada

Phone: (613) 241-6421
Fax: (613) 241-7970

info@anacan.org

Additional copies of this publication are available from:

Curran Associates, Inc.
57 Morehouse Lane
Red Hook, NY 12571 USA
Phone: 845-758-0400
Fax: 845-758-2633
Email: curran@proceedings.com
Web: www.proceedings.com

ANCC
2023 ANIMAL NUTRITION CONFERENCE OF CANADA

CNAC
2023 COLLOQUE DE NUTRITION ANIMALE DU CANADA

BOOK OF ABSTRACTS LIVRE DES RÉSUMÉS

May 9-11 mai Montréal, Québec

Strengthening the Nutritional Foundation for Animal and Industry Resiliency
Renforcer les bases nutritionnelles pour rehausser la résilience des animaux et de l'industrie

Pre-conference symposium sponsors
Commanditaires de symposium pré-colloque

PROTEKTA® Jefo. PMT INC.

Table of Contents / *Table des matières*

Monogastric session / *Séance sur les monogastriques*

Ruminant session / *Séance sur les ruminants*

Closing plenary / *Plénière de clôture*

Graduate student posters / *Affiches des étudiants*

List of Advertisers / *Liste d'annonceurs*

Animal Nutrition Association of Canada

ANAC

Association de nutrition animale du Canada

Welcome from ANAC

The Animal Nutrition Association of Canada is pleased to bring the 7th annual Animal Nutrition Conference of Canada (ANCC) to the animal feed industry. With a history of providing exceptional learning and networking opportunities for animal nutrition experts from industry, academia and government, it is *the* Canadian conference in livestock nutrition.

The organizing committee has once again succeeded in putting together a phenomenal program that will inform, inspire and enhance the work of animal nutritionists from across the country. Focused on the foundations of animal nutrition, sessions this year feature the latest research for both major and minor animal species, as well as explore connections to human health.

An event of this calibre is only possible with the collective efforts and support of many partners. Thank you to our sponsors who continue to show tremendous support for this conference. ANAC also recognizes the contributions of the organizing committee, whose dedicated effort and commitment were instrumental to the success of ANCC 2023. Our appreciation extends to our knowledgeable speakers, as well, for sharing their valuable expertise.

Enjoy discovering new innovations in the animal feed space and coming together with industry colleagues at this year's event. Take the opportunity to meet the new generation of feed industry professionals during the graduate student poster competition.

I hope to see many of you again at next year's conference in Winnipeg, Manitoba.

Sarah Hopkins

Government Affairs Manager
Animal Nutrition Association of Canada

Canada

We acknowledge that interpretation and translation was made possible with the financial support of the Government of Canada.

Animal Nutrition Association of Canada

ANAC

Association de nutrition animale du Canada

Bienvenue de l'ANAC

L'Association de nutrition animale du Canada est heureuse de présenter le 7e Colloque de nutrition animale du Canada (CNAC) à l'industrie de l'alimentation animale. Devenu fournisseur traditionnel d'opportunités exceptionnelles d'apprentissage et de réseautage aux experts de la nutrition animale de l'industrie, des universités et des gouvernements, c'est *le* colloque canadien sur la nutrition du bétail.

Le comité organisateur a encore une fois réussi à élaborer un programme phénoménal qui va éclairer, inspirer et améliorer le travail des spécialistes en nutrition animale de tout le pays. Axées sur les fondations de la nutrition animale, les sessions cette année présentent les recherches de pointe, tant pour les espèces de bétail majeures que mineures, en plus d'explorer les liens avec la santé humaine.

Un événement de ce calibre n'est possible qu'avec les efforts collectifs et le soutien de plusieurs partenaires. Merci à nos commanditaires, qui continuent à démontrer un support extraordinaire pour ce colloque. L'ANAC reconnaît également les contributions du comité organisateur, dont le travail et l'engagement soutenus ont joué un rôle essentiel dans le succès du CNAC 2023. Notre gratitude s'étend à nos conférenciers avertis, qui ont partagé leur précieuse expertise.

Prenez plaisir à découvrir les dernières innovations dans le domaine des aliments du bétail et à vous rassembler avec vos collègues de l'industrie à l'événement de cette année. Profitez-en pour rencontrer la nouvelle génération de professionnels de l'industrie de l'alimentation animale pendant le concours d'affiches pour étudiants de cycle supérieur.

J'espère revoir beaucoup d'entre vous au colloque de l'an prochain à Winnipeg, Manitoba.

Sarah Hopkins

Gestionnaire des affaires gouvernementales
Association de nutrition animale du Canada

Canada

Nous reconnaissons que l'interprétation et la traduction ont été rendues possibles grâce au soutien financier du gouvernement du Canada

ANCC Organizing Committee / *Comité organisateur du CNAC*

Welcome everyone!

On behalf of the Organizing Committee, I am honoured to welcome you all to the 7th annual Animal Nutrition Conference of Canada (ANCC) in beautiful Montreal, Québec. We are so excited to learn alongside you these next few days, as we explore the theme of "Strengthening the Nutritional Foundation for Animal and Industry Resiliency."

At the end of every ANCC, we gather participant feedback and suggestions for the next year's conference. The Organizing Committee takes great care to listen to the suggestions put forward and to develop a theme that encompasses the wants of the membership while remaining relevant to the current trends of animal agriculture in Canada. This past year, it was clear that attendees were looking for a return to nuts-and-bolts nutrition including lessons that could be taken home and applied on the job.

However, the past few years have presented a number of challenges for agriculture. Issues such as a global pandemic, supply chain breakdowns, natural disasters and fertilizer shortages to name only a few, have caused unprecedented upheaval and resulted in skyrocketing prices and the need to find novel solutions to unpredictable problems. The industry has done an incredible job weathering this storm, but resiliency as these challenges continue is at the forefront of everyone's minds.

Moving forward through trying times like these is made easier by having a firm foundation to start from; sometimes, the best solution to a complicated problem is reached by simply going back to basics. Thus, the theme of "Strengthening the Nutritional Foundation for Animal and Industry Resiliency" was born.

The Organizing Committee has truly put together an incredible roster of speakers from Canada and the rest of the world to deliver cutting edge science that our attendees can apply in their work.

As always, we are incredibly thankful to ANAC and our ANCC 2023 sponsors for their support in bringing you this high-quality program. We look forward to being together with you all to share expertise, ideas and friendship as we learn about the latest scientific developments in the animal agriculture industry.

Have fun and have an excellent week!

Bienvenue à tous!

Au nom du comité organisateur, c'est un honneur pour moi de vous souhaiter la plus cordiale des bienvenues au 7e Colloque de nutrition animale du Canada (CNAC) dans la magnifique ville de Montréal, Québec. Nous sommes vraiment heureux d'acquérir de nombreuses et précieuses connaissances en votre compagnie pendant ces prochains jours, alors que nous explorerons le thème « Renforcer les bases nutritionnelles pour rehausser la résilience des animaux et de l'industrie ».

À la fin de chaque CNAC, nous recueillons les rétroactions et suggestions des participants pour le colloque de l'année suivante. Le comité organisateur étudie soigneusement les suggestions faites afin d'élaborer un thème qui englobe les souhaits des membres, tout en demeurant pertinent aux besoins actuels de l'agriculture animale au Canada. L'an dernier, les participants voulaient clairement revenir aux éléments fondamentaux de la nutrition, incluant des leçons qu'ils pourraient apporter chez eux et appliquer dans leur travail.

Toutefois, les quelques années passées ont présenté plusieurs défis à l'agriculture. Des enjeux comme la pandémie mondiale, les interruptions dans la chaîne d'approvisionnement, les catastrophes naturelles et les pénuries d'engrais, pour ne nommer que ceux-là, ont causé des bouleversements sans précédent, faisant exploser les prix et nécessitant de trouver de nouvelles solutions à des problèmes imprévisibles. L'industrie a tellement bien réagi face à ces tempêtes, mais la résilience devant les défis qui persistent est au centre de toutes les préoccupations.

Aller de l'avant dans des temps éprouvants comme ceux-ci est plus facile quand on peut s'appuyer sur une fondation solide pour s'élancer; parfois, la meilleure solution à un problème complexe consiste simplement à retourner aux fondements. C'est cela même qui a inspiré le thème « Renforcer les bases nutritionnelles pour rehausser la résilience des animaux et de l'industrie ». Le comité organisateur a réussi le tour de force d'inviter des conférenciers hors pair venant du Canada et de l'étranger, qui livreront les découvertes scientifiques de pointe que nos participants pourront appliquer sur leurs lieux de travail.

Comme toujours, nous sommes extrêmement reconnaissants à l'ANAC et aux commanditaires du CNAC 2023 de nous soutenir pour vous apporter ce programme de la plus haute qualité. Nous avons hâte de nous rassembler avec vous pour partager l'expertise, les idées et l'amitié, alors que nous découvrirons les derniers développements scientifiques survenus dans l'industrie de l'agriculture animale.

Amusez-vous bien et passez une excellente semaine!

Holly McGill, Diamond V®
Program Chair / *Présidente du programme*

Sharon Robinson, Halchemix Canada Inc.
Sponsorship Chair / *Présidente des commandites*

Renée Petri, Agriculture and Agri-Food Canada
Academic Chair / *Présidente de l'académie*

Renée Benczik, Wallenstein Feed & Supply Ltd.
Student Events Chair / *Présidente des événements pour étudiants*

Jeff Bond, Prairie Micro-tech Inc. (PMT)

Rachel Gervais, Université Laval

Sarah Hopkins, ANAC

Josée Lafontaine, ANAC

Mike Leslie, Ritchie-Smith Feeds, Inc.

Bertrand Medina, Probiotech International Inc.

Mohsen Mohammadi, New Life Mills

Rex Newkirk, University of Saskatchewan

Keshia Paddick, More Than Just Feed

Erin Ross, ANAC

Matt Schotsman, Floradale Feed Mill Limited

Francis Simard, Trouw Nutrition Canada

Kristin Thompson, New Life Mills

Katie Wood, University of Guelph

Jocelyn Zafra Castillo, ANAC

Strengthening the Nutritional Foundation for Animal and Industry Resiliency

TUESDAY, MAY 9

Student Networking Event – *Salon 4 & 5* – 3:00 to 4:30 pm
This is an opportunity for students to learn about careers in the feed industry and network with potential employers.

Welcome Cocktail – *Ballroom Foyer* – 4:30 to 6:30 pm
Join us for an evening of networking and animated discussions with industry colleagues. Registration packages will also be available for collection.

WEDNESDAY, MAY 10

Pre-Conference Symposium
EMERGING TRENDS IN ANIMAL NUTRITION
Ballroom West & Centre
Sponsored by:
Protekta, Prairie Micro Tech Inc. and Jefo Nutrition Inc.

7:15	Continental breakfast	
8:05	Introduction	
8:10	The role dietary phosphorus may play in hypocalcemia and milk fever prevention: new research – *sponsored by Protekta*	**Patrick Hoffman** University of Wisconsin-Madison
8:50	Nutritional strategies to mitigate broiler breast myopathies – *sponsored by Protekta*	**Dr. Casey Owens** University of Arkansas
9:30	Formulating low Zn nursery diets: ABC-4 and other strategies – *sponsored by Protekta*	**Dr. Michael Tokach and Ethan Stas** Kansas State University
10:10	Health break	
10:40	Proteases benefits: What if they brought more than just releasing amino acids? – *sponsored by Jefo Nutrition Inc.*	**Dr. Ludovic Lahaye** Jefo Nutrition Inc.
11:20	The benefits of tributyrin on intestinal function and health and subsequent performance response – *sponsored by Prairie Micro Tech Inc.*	**Dr. Jonathan Broomhead** Perstorp Animal Nutrition
12:00	Lunch	

Opening Plenary - *Ballroom West & Centre*

1:05	Opening remarks from ANAC	
1:10	Organizing Committee welcome	
1:15	Functional foods from animal agriculture in relation to nutrition and health	**Dr. Alison Duncan** University of Guelph
2:15	Nutritional opportunities to elevate the socioeconomic values of livestock through decoupling greenhouse gas emissions	**Dr. Robin White** Virginia Tech
3:00	Health break	
3:30	Interactive effects of genetics and diet on carcass and meat quality traits	**Dr. Manuel Juárez** Agriculture & Agri-Food Canada
4:15	Current feeding challenges for dairy and beef calves	**Dr. Maria Devant** Institute of Agrifood Research and Technology
5:00	**ANAC Scholarship Lecture**: The impact of dietary nitrogen content and source on essential amino acid utilization and growth performance in growing pigs	**Miranda Buchinski** University of Saskatchewan
5:15	End of opening plenary	
5:15 - 7:15	**ANCC 2023 Reception in the Ballroom Foyer:** Enjoy an evening of food, drinks and networking. Visit the Industry Partner Showcase and Graduate Student Poster Exhibition.	

THURSDAY, MAY 11

CONCURRENT SESSIONS

Please note that the monogastric and ruminant sessions will run in parallel.

Monogastric Session – *Ballroom West*

7:15	Hot breakfast	
8:10	Opening remarks	
8:15	Towards integration of nutritive and functional attributes of feedstuffs in feeding programs for monogastric farm animals	**Dr. Elijah Kiarie** University of Guelph
9:00	High dietary levels of zinc oxide modulate the metabolism of trace minerals and may be detrimental to post-weaning piglet health	**Dr. Danyel Bueno Dalto** Sherbrooke Research and Development Centre
9:45	Health break	
10:15	Exploring seaweed supplementation as a tool to reduce antibiotic use and improve resilience to heat stress in poultry	**Dr. Bruce Rathgeber** Dalhousie University
11:00	**Kees de Lange Lectureship in Animal Nutrition:** Advancing energy and nutrient utilization for a resilient animal nutrition industry	**Dr. Martin Nyachoti** University of Manitoba
11:45	Graduate student presentation: Dietary inclusion of black soldier fly larvae meal (Hemetia illucens) promotes gut microbiota diversity in Lohmann Brown-Lite laying hens	**Jing Lu** Dalhousie University
12:00	Lunch	

Ruminant Session – *Ballroom Centre*

7:15	Hot breakfast	
8:10	Opening remarks	
8:15	A look to transition beyond the fresh pen: the impact of transition cow management on subsequent lactation and reproductive performance	**Dr. Eduardo Ribeiro** University of Guelph
9:00	Strategies to improve resiliency and recovery from stress in feedlot cattle	**Dr. Stephanie Hansen** Iowa State University
9:45	Health break	
10:15	Dairy goats are not small cows: feeding practices and challenges	**Dr. Robert J Van Saun** Pennsylvania State University
11:00	Microbiome solutions: intervention opportunities to improve dairy calf health and performance	**Dr. Leluo Guan** University of Alberta
11:45	Graduate student presentation: Effects of lipid supplementation on milk composition and butter properties	**Myriam Landry** Université Laval
12:00	Lunch	

Closing Plenary – *Ballroom West & Centre*

1:15	Raising resilient animals for optimal welfare on tomorrow's farms	**Dr. Jamie Dallaire** Université Laval
2:00	Round Table Discussion with Dr. Jamie Dallaire, Dr. Alison Duncan, Dr. Leluo Guan, Dr. Elijah Kiarie, and Dr. Robin White	Moderated by: **Dr. Rachel Gervais** Université Laval
2:45	Closing remarks	

MISSED A SESSION?

Recordings of all presentations will be available for on-demand viewing by both virtual and in-person participants.
A password to access the recordings will be provided by email after the conference.

Renforcer les bases nutritionnelles pour rehausser la résilience des animaux et de l'industrie

MARDI 9 MAI

Événement de réseautage pour les étudiants – ***Salon 4 & 5*** **– 15h00 à 16h30**
Il s'agit d'une occasion pour les étudiants de se renseigner sur les carrières dans l'industrie de l'alimentation animale et de réseauter avec des employeurs potentiels.

Cocktail de bienvenue – ***Foyer salle de bal*** **– 16h30 à 18h30**
Joignez-vous à nous pour une soirée de réseautage et discussions animées avec des collègues de l'industrie

MERCREDI 10 MAI

Symposium pré-colloque
NOUVELLES TENDANCES EN MATIÈRE DE NUTRITION ANIMALE
Salle de bal ouest-centre
Commandité par :
Protekta, Prairie Micro Tech Inc. and Jefo Nutrition Inc.

7h15	Petit-déjeuner chaud	
8h05	Introduction	
8h10	Le rôle que le phosphore alimentaire pourrait jouer dans les programmes de prévention de l'hypocalcémie et de la fièvre du lait : nouvelles recherches – *parrainé par Protekta*	**Patrick Hoffman** University of Wisconsin-Madison
8h50	L'utilisation de stratégies nutritionnelles pour atténuer les myopathies chez les poulets à griller – *parrainé par Protekta*	**Dre Casey Owens** University of Arkansas
9h30	Formulation de rations à faible teneur en Zn pour les porcelets en pouponnière : CFA-4 et autres stratégies – *parrainé par Protekta*	**Dr Michael Tokach et Ethan Stas** Kansas State University
10h10	Pause-santé	
10h40	Bénéfices des protéases : Et si c'était plus qu'une simple libération d'acides aminés?– *parrainé par Jefo Nutrition Inc.*	**Dr Ludovic Lahaye** Jefo Nutrition Inc.
11h20	Les bienfaits du tributanoylglycérol sur la fonction et la santé intestinales et la réponse subséquente – *parrainé par Prairie Micro Tech Inc.*	**Dr Jonathan Broomhead** Perstorp Animal Nutrition
12h00	Dîner	

Plénière d'ouverture – ***Salle de bal ouest-centre***

13h05	Propos d'ouverture de l'ANAC	
13h10	Bienvenue du comité organisateur	
13h15	Les aliments fonctionnels issus de la production animale et les liens avec la nutrition et la santé	**Dre Alison Duncan** University of Guelph
14h15	Stratégies nutritionnelles permettant d'accroître la valeur économique des animaux d'élevage en les dissociant des émissions de gaz à effet de serre	**Dre Robin White** Virginia Tech
15h00	Pause-santé	
15h30	Effets interactifs de la génétique et l'alimentation sur la qualité de la carcasse et la viande	**Dr Manuel Juárez** Agriculture & Agri-Food Canada
16h15	Les défis actuels de l'alimentation des veaux laitiers et de boucherie	**Dre Maria Devant** Institute of Agrifood Research and Technology
17h00	**Conférence de la bourse d'études de l'ANAC** : L'impact de la concentration et de la source d'azote alimentaire sur l'utilisation des acides aminés essentiels et la performance de croissance chez les porcs en croissance	**Miranda Buchinski** University of Saskatchewan
17h15	Fin de la plénière d'ouverture	
17h15-19h15	**Réception du CNAC 2023 dans le foyer salle de bal :** Venez profiter d'une soirée où gastronomie et réseautage seront à l'honneur. Visitez le salon des partenaires de l'industrie et l'exposition d'affiches pour étudiants de cycle supérieur.	

JEUDI 11 MAI

SÉANCES SIMULTANÉES

Veuillez noter que les séances sur les monogastriques et les ruminants seront offertes simultanément.

Séance sur les monogastriques – *Salle de bal ouest*

7h15	Petit-déjeuner chaud	
8h10	Propos d'ouverture	
8h15	Vers l'intégration des caractéristiques nutritives et fonctionnelles des ingrédients alimentaires dans les programmes d'alimentation des monogastriques d'élevage	**Dr Elijah Kiarie** University of Guelph
9h00	La teneur élevée d'oxyde de zinc dans la ration module le métabolisme des oligo-éléments et peut être préjudiciable à la santé des porcelets après le sevrage	**Dr Danyel Bueno Dalto** Sherbrooke Research and Development Centre
9h45	Pause-santé	
10h15	Étude de l'emploi d'un complément alimentaire à base d'algues comme outil pour diminuer l'utilisation des antibiotiques et améliorer la résilience au stress thermique chez les volailles	**Dr Bruce Rathgeber** Dalhousie University
11h00	**Conférence commémorative en nutrition animale Kees de Lange :** Améliorer l'utilisation de l'énergie et des nutriments pour favoriser la résilience de l'industrie de l'alimentation animale	**Dr Martin Nyachoti** University of Manitoba
11h45	Présentation de l'étudiant diplômé : L'inclusion de farine de larves de mouche soldat noire (Hermetia illucens) dans l'alimentation des poules pondeuses favorise la diversité du microbiote intestinal	**Jing Lu** Dalhousie University
12h00	Dîner	

Séance sur les ruminants – *Salle de bal centre*

7h15	Petit-déjeuner chaud	
8h10	Propos d'ouverture	
8h15	Considérations sur la transition au-delà de l'enclos des vaches fraîches : répercussions de la gestion des vaches en transition sur la lactation suivante et la performance reproductive	**Dr Eduardo Ribeiro** University of Guelph
9h00	Stratégies visant à améliorer la résilience et la récupération après un stress chez les bovins en parc d'engraissement	**Dre Stephanie Hansen** Iowa State University
9h45	Pause-santé	
10h15	Les chèvres laitières ne sont pas de petites vaches : pratiques d'alimentation et défis	**Dr Robert J Van Saun** Pennsylvania State University
11h00	Interventions sur le microbiome : possibilités d'amélioration de la santé et des performances chez les veaux laitiers	**Dre Leluo Guan** University of Alberta
11h45	Présentation de l'étudiante diplômée : Effets de la supplémentation en lipides sur la composition du lait et les propriétés du beurre	**Myriam Landry** Université Laval
12h00	Dîner	

Plénière de clôture – *Salle de bal ouest-centre*

13h15	Élever des animaux résilients pour optimiser le bien-être dans les fermes de demain	**Dr Jamie Dallaire** Université Laval
14h00	Table ronde avec Dr Jamie Dallaire, Dre Alison Duncan, Dre Leluo Guan, Dr Elijah Kiarie, et Dre Robin White	Animée par : **Dr. Rachel Gervais** Université Laval
14h45	Propos de clôture	

VOUS AVEZ MANQUÉ UNE SESSION?

Les enregistrements de toutes les présentations seront disponibles pour un visionnement sur demande par les participants virtuels et en personne. Un mot de passe pour accéder aux enregistrements sera fourni par courriel après la conférence.

Pre-conference Symposium
Symposium pré-colloque

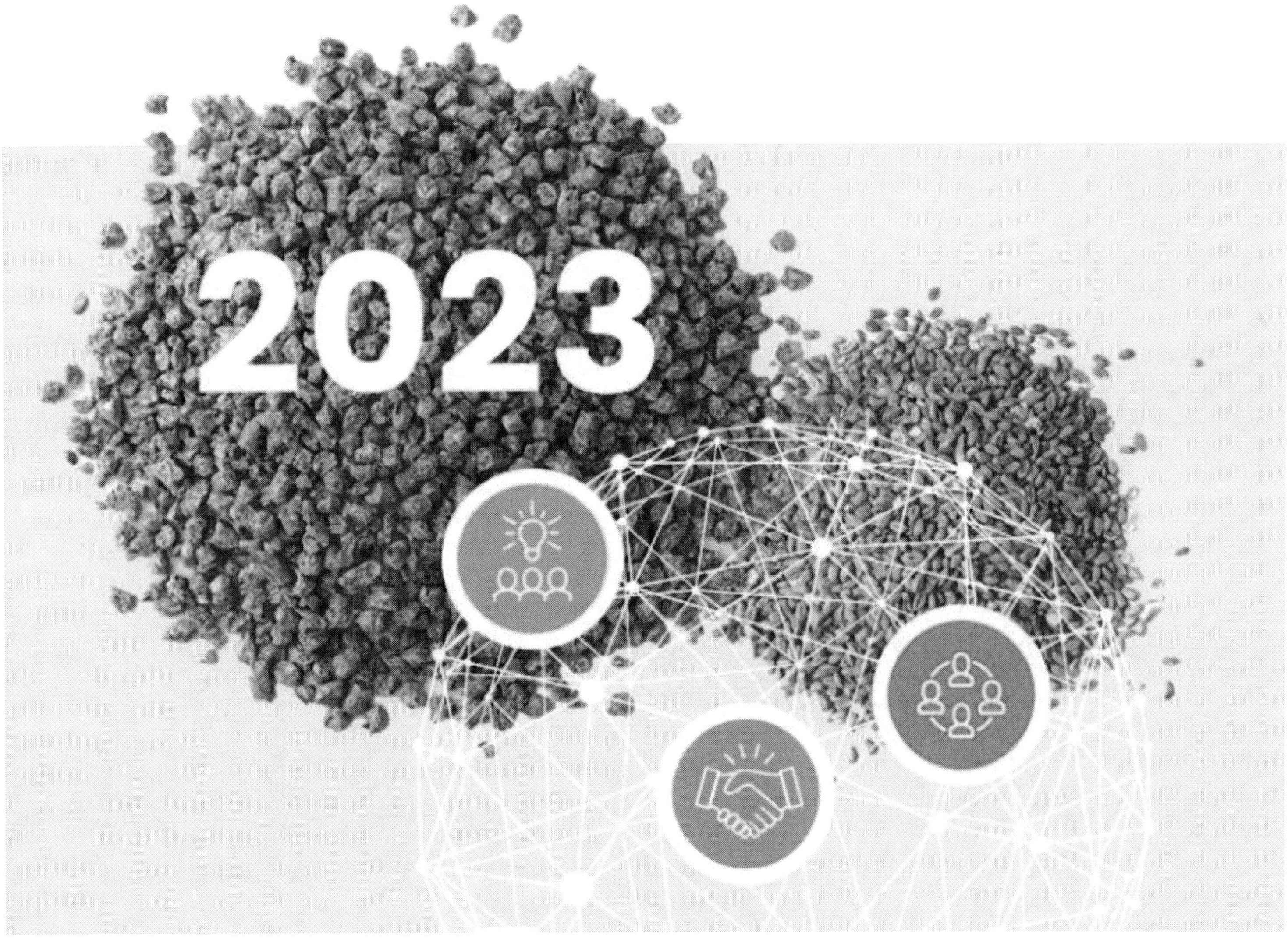

ANCC
CNAC

MARK YOUR CALENDARS

The Animal Nutrition Conference of Canada (**ANCC**) 2024 will take place **May 14-16, 2024** at the Fairmont Winnipeg.

MARQUEZ VOS CALENDRIERS

Le Colloque de Nutrition Animale du Canada (**CNAC**) 2024 aura lieu les **14 au 16 mai 2024** à l'hôtel Fairmont Winnipeg.

ANCC
ANIMAL NUTRITION CONFERENCE OF CANADA

CNAC
COLLOQUE DE NUTRITION ANIMALE DU CANADA

The role dietary phosphorus may play in subclinical hypocalcemia and milk fever prevention: new research

Le rôle que le phosphore alimentaire pourrait jouer dans les programmes de prévention de l'hypocalcémie et de la fièvre du lait : nouvelles recherches

P. Hoffman
Department of Animal and Dairy Sciences, University of Wisconsin, Madison, WI, USA
pchoffma@wisc.edu

Abstract

Traditionally, milk fever prevention programs have attempted to directly alter Ca status of dairy cows at calving. Common approaches include feeding pre-fresh dairy cows diets containing anionic salts, restricting dietary Ca, feeding hyper-dietary Ca and administering Ca boluses. There is an abundance of research in regard to the mechanisms associated with dietary Ca alteration, dietary cation-anion difference as related to parathyroid hormone and vitamin D and the role they play in the prevention of hypocalcemia and milk fever in dairy cattle. Over the past decade new research has also better-defined phosphorus homeostasis in animals. This research has defined a negative relationship between dietary P and blood Ca status at calving in dairy cows. Specifically, lower blood Ca has been observed when excessive or high levels of dietary P are fed. It is now understood that fibroblast growth factor 23 (FGF-23), a peptide hormone active in bone tissue, also regulates bone resorption of Ca and P and urinary retention of P. While research evidence is indirect, new feeding strategies, such as feeding Zeolite A, have emerged, which capitalize on P homeostasis as an alternative to improve Ca status of dairy cows at calving. This presentation will focus on supportive research and the practical aspects of this research.

Keywords: milk fever, phosphorus, FGF-23, Zeolite A

Résumé

Jusqu'à présent, l'objectif des programmes de prévention de la fièvre du lait a été d'intervenir directement sur le bilan calcique des vaches laitières au moment du vêlage. Les approches les plus courantes consistent à servir avant le vêlage des rations contenant des sels anioniques, à restreindre le calcium (Ca) alimentaire, à fournir une ration excessivement riche en Ca et à administrer des bolus de Ca. Il existe une foule de recherches portant sur les mécanismes associés à la modification du Ca alimentaire et à la différence alimentaire cations-anions par rapport à l'hormone parathyroïdienne et la vitamine D ainsi que sur le rôle qu'ils jouent dans la prévention de l'hypocalcémie et de la fièvre du lait chez les bovins laitiers. Au cours de la dernière décennie, de nouvelles recherches ont également permis de mieux définir l'homéostasie du phosphore (P) chez les animaux. Ces recherches ont montré une relation négative entre le P alimentaire et le statut calcique sanguin au vêlage chez les vaches laitières. Plus précisément, une baisse du Ca sanguin a été observée lorsque des quantités excessives ou élevées de P alimentaire sont servies. On sait maintenant que le facteur de croissance fibroblastique 23 (FGF-23), une hormone peptidique active dans le tissu osseux, régule également la résorption osseuse du Ca et du P ainsi que la rétention urinaire du P. Bien que les preuves soient obtenues de manière indirecte, de nouvelles stratégies d'alimentation exploitant l'homéostasie du P, telles que l'utilisation de la zéolite A, ont fait leur apparition pour améliorer le bilan calcique des vaches laitières au vêlage. Cet exposé portera sur des travaux réalisés en appui à ces recherches ainsi que sur leurs aspects pratiques.

Nutritional strategies to mitigate broiler breast myopathies

L'utilisation de stratégies nutritionnelles pour atténuer les myopathies chez les poulets à griller

C.M. Owens[1], C.J. Maynard[1], and S.J. Rochell[2]
[1]Department of Poultry Science, University of Arkansas, Fayetteville, AR, USA
[2]Department of Poultry Science, Auburn University, Auburn, AL, USA
cmowens@uark.edu

Abstract

Woody breast (WB) and white striping (WS) in broiler breast meat are emerging issues in the poultry industry worldwide. These conditions are associated with high breast yielding, heavy broilers, and they have negative quality impacts and major economic implications. Nutritional strategies have been studied by researchers in efforts to reduce the prevalence of WB in broilers, without negative impacts on live performance. Dietary inclusion of guanidinoacetic acid (GAA) has been evaluated as a nutritional intervention to reduce the incidence of myopathies. Recent studies have shown that that GAA (0.06% or 0.12% GAA supplementation in diet) had no impact on live weight at processing and no negative impact on FCR compared to the control diet at 55d ($P<0.05$). Supplementation of 0.12% GAA reduced ($P<0.05$) WB compared to control and supplementation of either 0.06% or 0.12% GAA reduced WS severity compared to control. In a secondary study, GAA (0.08%) was supplemented in diets with reduced energy (control diet less 25 or 50 kcal/kg). At day of processing, no differences ($P>0.05$) were noted in final live weight due to energy reduction or GAA supplementation. In addition, no differences ($P>0.05$) were noted in breast yield. There were also no statistical differences in frequency of WB severity ($P>0.05$). Results of these studies suggest that GAA may reduce myopathies such as woody breast without negatively affecting live performance, but the level of inclusion is important. The inclusion rate should be optimized for effective reduction of myopathies.

Keywords: poultry, myopathy, guanidinoacetic acid, meat quality, broiler

Résumé

Les défauts que sont le filet de bois (*woody breast*) et les stries blanches (*white striping*) dans la viande de poitrine de poulet à griller constituent de nouvelles difficultés auxquelles l'industrie avicole mondiale est confrontée. Ces myopathies sont associées à des poulets à griller lourds et à fort rendement en viande de poitrine, et elles entraînent des effets négatifs sur la qualité qui ont des conséquences économiques majeures. Des stratégies nutritionnelles ont été étudiées par les chercheurs dans le but de réduire la prévalence du filet de bois chez les poulets à griller, sans nuire aux performances zootechniques. L'ajout d'acide guanidinoacétique (GAA) dans la ration a été évalué en tant qu'intervention nutritionnelle pour réduire l'incidence des myopathies. Des études récentes ont montré qu'une ration additionnée de GAA (ajout de 0,06 % ou 0,12 % de GAA dans la ration) n'avait aucune incidence sur le poids vif à l'abattage et aucun effet négatif sur l'ICA à 55 j, comparativement à une ration témoin ($P<0,05$). L'ajout de 0,12 % de GAA a diminué ($P<0,05$) le filet de bois par rapport au régime témoin, et l'ajout de 0,06 % ou 0,12 % de GAA a atténué la gravité des stries blanches par rapport au régime témoin. Dans une étude secondaire, le GAA (0,08 %) a été ajouté à des rations à teneur réduire en énergie (ration témoin moins 25 ou 50 kcal/kg). Le jour de l'abattage, aucune différence ($P>0,05$) n'a été notée pour le poids vif final en raison de la réduction de l'énergie ou de la supplémentation en GAA. De plus, aucune différence ($P>0,05$) n'a été enregistrée pour le rendement en viande de poitrine. En outre, aucune différence statistique dans la fréquence de gravité des stries blanches ($P>0,05$) n'a été observée. Les résultats de ces études suggèrent que le GAA peut réduire les myopathies telles que le filet de bois sans nuire aux performances zootechniques, mais que le taux d'incorporation est important. Le taux d'incorporation doit être optimisé pour parvenir à une réduction efficace des myopathies.

Formulating low Zn nursery diets: ABC-4 and other strategies

Formulation de rations à faible teneur en Zn pour les porcelets en pouponnière : CFA-4 et autres stratégies

E. B. Stas, M. D. Tokach
Department of Animal Sciences and Industry, Kansas State University, Manhattan, KS, USA
ebstas@ksu.edu
mtokach@ksu.edu

Abstract

Pharmacological levels of Zn in early nursery pig diets reduce the instance of post-weaning diarrhea and improve performance. However, there are growing concerns with pharmacological levels of Zn and much attention has been directed toward strategies to lower dietary Zn without negatively impacting performance. Diet acid-binding capacity-4 (ABC-4) could be an option to formulate low Zn diets. Dietary ABC-4 is the hydrochloric acid required to reach a pH of 4. The young pig has a limited capacity to produce enough acid, therefore, incorporation of low ABC-4 ingredients can help maintain an acidic gastric environment and improve health status and subsequent performance. Several ingredients can influence diet ABC-4 such as minerals and acidifiers. However, protein sources utilized in early nursery diets can also impact diet ABC-4. Soy protein sources range in ABC-4 from -13 to 753 meq/kg. In a recent commercial research study, we found no differences between soy sources when ZnO was present in the diet. However, when ZnO was not present, pigs fed a soy protein with low ABC-4 (AX3 Digest) had improved growth performance and lower morbidity and mortality compared to a soy source with high ABC-4. Along with dietary ABC-4, several other changes should be considered when zinc oxide is removed from the diet in the areas of management (increased weaning age, sanitation, reducing other stressors), genetics (E coli resistance), water (quality and pH), and nutrition (lower crude protein, increase amino acid ratios relative to lysine, fiber sources, copper inclusion, increased phytase and other enzymes).

Keywords: Zn, acid-binding capacity-4, protein, nursery pigs

Résumé

Les doses pharmacologiques de Zn dans l'alimentation des porcelets à leur arrivée en pouponnière diminuent l'incidence de la diarrhée post-sevrage et améliorent les performances zootechniques. Cependant, l'utilisation de doses pharmacologiques de Zn suscite de plus en plus d'inquiétudes, et on s'est grandement intéressé aux stratégies permettant de réduire la quantité de Zn dans l'alimentation sans entraîner d'effets négatifs sur les performances. La capacité de fixation en acide-4 (CFA-4) pourrait offrir une piste de solution pour la préparation de régimes alimentaires à faible teneur en Zn. La CFA-4 alimentaire représente la quantité d'acide chlorhydrique nécessaire pour atteindre un pH de 4. La capacité du jeune porc à produire de l'acide est limitée; par conséquent, l'incorporation d'ingrédients à faible CFA-4 peut aider à maintenir un environnement gastrique acide et à améliorer l'état de santé et les performances ultérieures. Plusieurs ingrédients, comme les minéraux et les acidifiants, peuvent influencer la CFA-4 d'un aliment. Cependant, les sources de protéines utilisées dans l'alimentation des porcelets à leur arrivée en pouponnière peuvent également avoir un effet sur la CFA-4. La CFA-4 des diverses sources de protéines de soya oscille entre -13 et 753 méq/kg. Dans une récente étude commerciale, nous n'avons constaté aucune différence entre les sources de soya en présence de ZnO dans la ration. Cependant, en l'absence de ZnO, les porcs nourris avec une protéine de soya à faible CFA-4 (AX3 Digest) ont présenté de meilleures performances de croissance ainsi qu'une morbidité et une mortalité inférieures comparativement aux animaux qui ont consommé une source de soya à CFA-4 élevée. Quand le ZnO est retiré de l'alimentation, plusieurs autres changements, outre la CFA-4 de la ration, doivent être envisagés sur les plans de la gestion (augmentation de l'âge au sevrage, hygiène, élimination des autres facteurs de stress), de la génétique (résistance à *E. coli*), de l'eau (qualité et pH) et de la nutrition (diminution des protéines brutes, augmentation des ratios d'acides aminés par rapport à la lysine, sources de fibres, inclusion de cuivre, augmentation de la phytase et d'autres enzymes).

Proteases benefits: What if they brought more than just releasing amino acids?

Bénéfices des protéases : Et si c'était plus qu'une simple libération d'acides aminés?

L. Lahaye
Jefo Nutrition Inc., Saint-Hyacinthe, QC
llahaye@jefo.ca

Abstract

Additives are part of the strategies for adding value to food, and their interest, in the current context of raw material prices, is even more evident. Nevertheless, there is a tendency to simplify their action to stick to the primary logic of their nature and easily generate an economic advantage. In doing so, we are likely to limit ourselves by failing to fully consider the scope of their work. In the case of the increasingly popular proteases, this involves a "simple" recovery of the digestible amino acids that can be released from raw materials. Rather than only taking into account their digestibility enhancing aspect, which certainly allows us to save money through the use of recovery matrices and the subsequent reduction of protein inputs, we would benefit from better understanding and exploring the properties of proteases and the related benefits. Exogenous proteases can indeed be used in combination with other enzymes. They can resist anti-nutritional factors, modulate the microbiota, participate in a better gastrointestinal health, and overall improve digestion. This goes beyond a simple gain in formulation and these positive impacts on health and the environment deserve to be taken into account in their added value. Additives in general will benefit from a more complete understanding and review of their nature and benefits in order to position them as valuable tools to bring the animal nutrition industry into the next era of precision gut nutrition.

Keywords: protease, digestibility, gut health, amino acids, feed formulation, additives

Résumé

Les additifs font partie des stratégies de valorisation des aliments et leur intérêt, dans le contexte actuel de prix des matières premières, est encore plus avéré. On a néanmoins tendance à simplifier leur action pour coller à la logique première de leur nature et générer facilement un avantage économique. Ce faisant, il y a de fortes chances que nous nous limitions en manquant de prendre pleinement en compte l'étendue de leur champ d'action. Dans le cas des protéases, de plus en plus populaires, cela passe par une « simple » valorisation des acides aminés digestibles qui peuvent être libérés des matières premières. Plutôt que de ne prendre en compte que leur aspect améliorateur de digestibilité, nous permettant certes par le biais de matrices de valorisation et la réduction subséquente des intrants protéiques, d'aboutir à des économies, nous gagnerions à mieux comprendre et explorer les propriétés des protéases et les avantages liés. Les protéases exogènes peuvent en effet être utilisées en combinaison avec d'autres enzymes, résister aux facteurs antinutritionnels, moduler le microbiote, participer à une meilleure santé gastro-intestinale et globalement améliorer la digestion. Cela dépasse un simple gain de formulation et ces impacts positifs sur la santé et l'environnement mériteraient d'être pris en compte dans leur valeur ajoutée. Les additifs en général bénéficieront d'une compréhension et d'un examen plus complets de leur nature et avantages afin de les positionner comme des outils de qualité pour faire évoluer l'industrie de la nutrition animale vers la prochaine ère de nutrition intestinale de précision.

The benefits of tributyrin on intestinal function and health and subsequent performance response

Les bienfaits du tributanoylglycérol sur la fonction et la santé intestinales et la réponse subséquente

J. Broomhead
Perstorp Animal Nutrition, Toledo, Ohio, USA
Jonathan.Broomhead@perstorp.com

Abstract

Butyric acid is a short-chain fatty acid (SCFA) that is produced naturally by fermentation of fiber in the lower gastrointestinal tract (GI). Butyric acid has known benefits such as providing energy to colonocytes, intestinal barrier function, apoptosis regulation, control cytokine production, mucus synthesis, and intestinal cell proliferation, differentiation and maturation. Exogenous supplementation of butyric acid was initially developed by making a salt derivative, with either sodium or calcium to reduce the rancid butter smell, and included into fat matrix to allow the butyrate to get past the upper GI and into the intestines. More recently, glycerol esters of butyric acid was developed to produce either mono- or tributyrins to further prevent the butyric smell and allow butyric acid to pass into intestine without the need of a fat coating/matrix. In this presentation published broiler and piglet research with tributyrin will be reviewed to demonstrate gut modification, such as morphology, and antioxidant responses.

Keywords: broilers, weaned pigs, tributyrin

Résumé

L'acide butyrique est un acide gras à chaîne courte (AGCC) issu d'un processus naturel de fermentation des fibres dans la partie inférieure du tube digestif. L'acide butyrique intervient notamment dans l'approvisionnement des colonocytes en énergie, la fonction de barrière intestinale, la régulation de l'apoptose, le contrôle de la production de cytokines, la synthèse du mucus ainsi que la prolifération, la différenciation et la maturation des cellules intestinales. La supplémentation en acide butyrique a initialement été rendu possible par la fabrication d'un dérivé de sel, avec du sodium ou du calcium pour réduire l'odeur de beurre rance, incorporé dans une matrice graisseuse pour permettre au butyrate de traverser la partie supérieure du tube digestif et d'atteindre l'intestin. Plus récemment, des esters de glycérol de l'acide butyrique ont été développés pour produire des monobutyrines ou du tributanoylglycérol (tributyrine) afin d'atténuer davantage l'odeur et de permettre à l'acide butyrique de passer dans l'intestin sans recours à un enrobage ou à une matrice de gras. Dans cet exposé, nous passerons en revue les recherches publiées sur les poulets à griller et les porcelets avec le tributanoylglycérol pour présenter la modification de l'intestin, comme la morphologie, et les réponses antioxydantes.

PRE-CONFERENCE SPONSORED BY / PRÉ-COLLOQUE COMMANDITÉ PAR

PMT INC.

Conference

Colloque

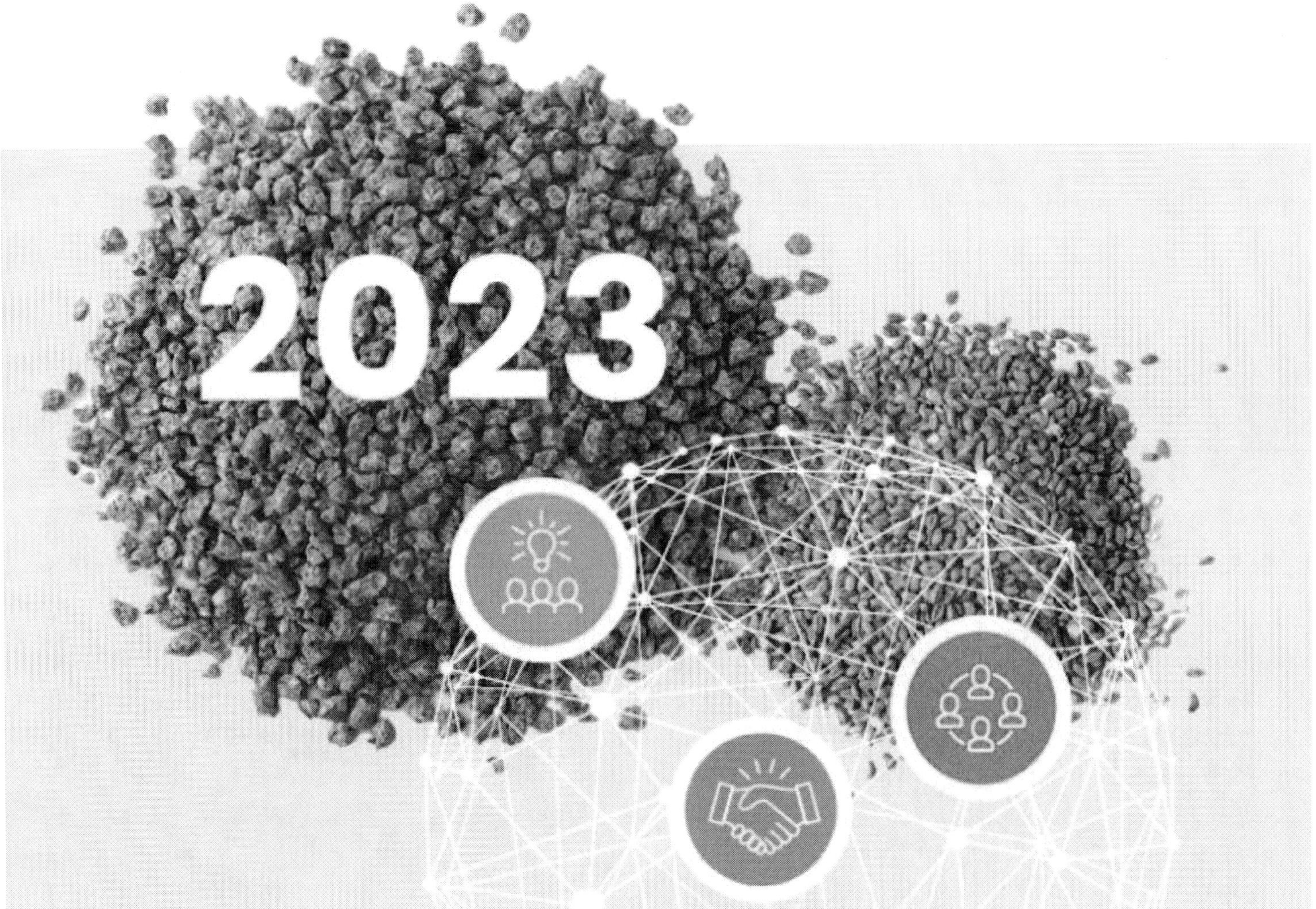

ANCC
CNAC

Functional foods from animal agriculture in relation to nutrition and health

Les aliments fonctionnels issus de la production animale et les liens avec la nutrition et la santé

A. M. Duncan
Department of Human Health and Nutritional Sciences, University of Guelph, Guelph, ON
amduncan@uoguelph.ca

Abstract

Functional foods can be defined as foods containing bioactives that provide health benefits beyond basic nutrition. Substantial research has examined phytochemical bioactives; however, there is also interest in bioactives from animals. Functional foods of animal origin are due to the bioactives present in foods such as eggs, dairy, meat and fish. This presentation will introduce and overview the concept of functional foods and outline the uniqueness of animals as a source of bioactives for functional foods. Specific animal-derived functional foods will then be examined and related to nutrition and human health.

Keywords: functional foods, bioactives, animal foods, nutrition, human health

Résumé

Les aliments fonctionnels peuvent être définis comme des aliments contenant des agents bioactifs qui procurent des avantages pour la santé que la nutrition de base ne peut fournir. D'importantes recherches ont porté sur des agents bioactifs phytochimiques; cependant, les agents bioactifs d'origine animale suscitent également de l'intérêt. Les aliments fonctionnels d'origine animale, tels que les œufs, les produits laitiers, la viande et le poisson, se caractérisent par la présence d'agents bioactifs. Dans cet exposé, nous donnerons un aperçu du concept d'aliments fonctionnels et soulignerons le caractère unique des animaux comme source d'agents bioactifs pour les aliments fonctionnels. Nous examinerons ensuite certains aliments fonctionnels d'origine animale spécifiques dans un contexte de nutrition et santé humaines.

Nutritional opportunities to elevate the socioeconomic values of livestock through decoupling greenhouse gas emissions

Stratégies nutritionnelles permettant d'accroître la valeur économique des animaux d'élevage en les dissociant des émissions de gaz à effet de serre

R.R. White
School of Animal Sciences, Virginia Tech, Blacksburg, VA, USA
rrwhite@vt.edu

Abstract

10 years of data from 168 primary crop products and 44 primary animal products from 240 countries summarized in a Bayesian learning network highlights that ruminant meat and milk are primary drivers of agricultural greenhouse gas emissions in food production systems globally. However, these same products, along with eggs and non-ruminant meat, are also linked positively to nearly every nutrient essential for human life, such that, irrespective of agricultural system studied, targeting emissions reduction through decreasing livestock production will have negative consequences on availability of many nutrients for human diets. Animal products provide great socioeconomic value globally as dense nutrient sources, and in many cases generate net-positive effects on nutrient availabilities through producing more human-edible product than they consume. To maintain these socioeconomic benefits, the animal agriculture industries should focus on decoupling the tight associations between animal agriculture and greenhouse gas emissions. Nutritional strategies to facilitate this decoupling, including enhanced consumption of by-product feeds, use of feed additives, and supplementation approaches, each have strengths and weaknesses but collectively provide a flexible suite of technologies for use toward making progress on industry-driven neutrality pledges and amending system architecture to soften the linkages between greenhouse gas emissions and animal agriculture.

Keywords: food systems, greenhouse gas emissions, nutritional mitigation

Résumé

Les données recueillies pendant 10 ans concernant 168 produits végétaux primaires et 44 produits animaux primaires dans 240 pays et résumées dans un réseau d'apprentissage bayésien montrent que la viande et le lait des ruminants comptent parmi les principales sources d'émissions agricoles de gaz à effet de serre dans les systèmes de production alimentaire à travers le monde. Cependant, ces mêmes produits, ainsi que les œufs et la viande de non-ruminants, sont également liés positivement à presque tous les nutriments essentiels à la vie humaine, de sorte que, quel que soit le système agricole étudié, viser une réduction des émissions en diminuant la production animale aura des conséquences négatives sur la disponibilité de nombreux nutriments pour les humains. Les produits animaux présentent une grande valeur socio-économique à l'échelle mondiale en tant que sources de nutriments denses et, dans de nombreux cas, ont des effets nets positifs sur la disponibilité des nutriments en générant davantage de produits comestibles pour l'homme qu'ils n'en consomment. Pour maintenir ces avantages socio-économiques, l'industrie des productions animales devrait chercher à dissocier l'agriculture animale des émissions de gaz à effet de serre. Les stratégies nutritionnelles qui permettraient de réaliser cet objectif, notamment l'utilisation accrue de sous-produits dans les rations des animaux, le recours aux additifs alimentaires et les approches de supplémentation, ont chacune leurs forces et leurs faiblesses, mais elles constituent un ensemble de technologies adaptables susceptibles d'aider l'industrie à honorer ses promesses de carboneutralité et à modifier l'architecture des systèmes pour faire en sorte que les liens entre les émissions de gaz à effet de serre et l'agriculture animale s'estompent.

Interactive effects of genetics and diet on carcass and meat quality traits

Effets interactifs de la génétique et l'alimentation sur la qualité de la carcasse et la viande

M. Juárez
Agriculture and Agri-Food Canada, Lacombe Research and Development Centre, Lacombe, AB
manuel.juarez@agr.gc.ca

Abstract

Canada is one of the largest pork and beef exporters in the world. The volume and value of Canadian meat exports have increased to ~$9 billion/year, and the export markets have expanded significantly from the traditional buyers. However, the meat export landscape has evolved during the last years, becoming more competitive, with major players trying to access the same import markets. Quality assurance and meat differentiation based on quality attributes contribute to meeting domestic and international buyers' requirements. At the same time, concerns regarding the impact of meat production on greenhouse gas emissions need to be addressed by maintaining or increasing carcass lean meat yield content.

Carcass and meat quality, as any phenotypic trait, depends on the interaction between the genetic background of a given animal and the environment in which it is raised. Among the many environmental factors interacting with genetics, many studies have identified animal nutrition as the most influential component. However, many studies independently evaluate the impact of either genetics or nutritional strategies, with few studies exploring the interactions between these two major factors. Emerging fields, such as phenomics, nutrigenomics, and integrative approaches, such as livestock precision farming and systems biology, may help understand these interactions and manipulate key attributes.

Keywords: beef, genotype, phenomics, pork

Résumé

Le Canada est l'un des plus grands exportateurs de porc et de bœuf au monde. Le volume et la valeur des exportations canadiennes de viande ont augmenté pour atteindre approximativement 9 milliards de dollars par année, et les marchés d'exportation ont considérablement dépassé ceux formés des acheteurs traditionnels. Cependant, le paysage des exportations de viande a évolué au cours des dernières années et est devenu plus compétitif, des acteurs majeurs tentant d'accéder aux mêmes marchés d'importation. L'assurance qualité et la différenciation basée sur des critères de qualité de la viande contribuent à satisfaire les exigences des acheteurs nationaux et internationaux.

Parallèlement, il convient de répondre aux préoccupations concernant l'impact de la production de viande sur les émissions de gaz à effet de serre en maintenant ou en augmentant le rendement en viande maigre des carcasses.

La qualité de la carcasse et de la viande, comme tout caractère phénotypique, dépend de l'interaction entre le bagage génétique d'un animal donné et l'environnement dans lequel il est gardé. Parmi les nombreux facteurs environnementaux qui interagissent avec la génétique, l'alimentation a été identifiée dans beaucoup d'études comme l'élément le plus déterminant. Cependant, de nombreuses études évaluent indépendamment l'impact de la génétique ou des stratégies nutritionnelles, peu d'entre-elles explorant les interactions entre ces deux facteurs importants. Certains champs d'étude émergents, tels que la phénomique et la nutrigénomique, ainsi que des approches intégratives, comme l'élevage de précision et la biologie des systèmes, pourraient aider à comprendre ces interactions et à intervenir sur les principaux attributs.

Current feeding challenges for dairy and beef calves

Les défis actuels de l'alimentation des veaux laitiers et de boucherie

M. Devant[1]*, S. Marti*[1]
[1]*Ruminant Production Program, IRTA, Torre Marimon, Barcelona, Spain*
maria.devant@irta.cat

Abstract

In Spain, the beef fattening system is an intensive system where calves are commonly housed in partially open barns with straw bedding and 40% of the calves, mainly males, are from dairy origin (surplus calves). These calves are transported by road for long hours (up to 3-5 days) from their dairy origin farms to the rearing farm where these calves are fed low amounts of milk replacer for 6-8 weeks and concentrate and straw *ad libitum* in separate feeders from very young ages with a resulting concentrate to straw ratio around 90-80 to 10-20%. These calves are not castrated and slaughtered around 12 months of age. In Europe the use of hormones or growth promoters are not allowed. This dairy beef production system needs to face mainly 3 challenges and need the design of nutritional strategies to: i) reduce the incidence of BRD and the antimicrobial use of unweaned calves upon arrival, mainly focusing on the nutrition and management before arrival to the rearing farm and transportation and the recovery from the negative energy balance, the increased gut permeability, the oxidative stress, the anemia, and the drop of feed intake ii) reduce the bulls aggressive and aberrant oral non-nutritive behaviours based on the modulation of inflammation processes to reduce the incidence of DFD meat; and finally to face one of the main challenges iii) reduce the environmental impact of this dairy beef production by decreasing the methane and N emissions, and to find alternative feed ingredients with low LCA impact.

Keywords: dairy beef cattle, intake recovery, aggressive and aberrant behavior, environmental impact

Résumé

En Espagne, les bovins sont engraissés dans le cadre d'un système intensif où les veaux sont généralement gardés sur litière de paille dans des étables partiellement ouvertes et où 40 % des veaux, principalement des mâles, sont d'origine laitière (veaux excédentaires). Ces veaux voyagent par transport routier pendant de longues heures (jusqu'à 3 à 5 jours) de leur ferme laitière d'origine à la ferme d'élevage où ils reçoivent de petites quantités de lait de remplacement pendant 6 à 8 semaines ainsi que des concentrés et de la paille, considérant un ratio concentré/paille d'environ 90 à 80 % pour 10 à 20 %, offerts à volonté dès leur plus jeune âge, dans des mangeoires distinctes. Ces veaux ne sont pas castrés et sont abattus vers l'âge de 12 mois. En Europe, l'utilisation d'hormones ou de stimulateurs de croissance est interdite. Ce système de production de viande de bœuf d'origine laitière doit faire face à trois principaux défis qui requièrent l'élaboration de stratégies nutritionnelles : i) réduire l'incidence de la broncho-pneumonie infectieuse enzootique

(BRD) et l'utilisation d'antimicrobiens chez les veaux non sevrés à l'arrivée en se concentrant principalement sur la nutrition et la gestion avant le transport et l'arrivée à la ferme d'engraissement ainsi que sur les mesures à prendre pour corriger le bilan énergétique négatif, stopper l'augmentation de la perméabilité intestinale, réduire le stress oxydatif, corriger l'anémie et favoriser la reprise de la consommation alimentaire; ii) réduire les comportements oraux agressifs et aberrants d'origine non nutritionnelle des taureaux en modulant les processus d'inflammation afin de réduire l'incidence de la viande à coupe sombre; iii) réduire l'impact environnemental de cette production en diminuant les émissions de méthane et d'azote et trouver des ingrédients alimentaires de substitution dont l'impact du cycle de vie est moindre.

The impact of dietary nitrogen content and source on essential amino acid utilization and growth performance in growing pigs

L'impact de la concentration et de la source d'azote alimentaire sur l'utilisation des acides aminés essentiels et la performance de croissance chez les porcs en croissance

M.J. Buchinski[1,2] and D.A. Columbus[1,2]
[1]Prairie Swine Centre, Inc., Saskatoon, SK
[2]Department of Animal and Poultry Science, University of Saskatchewan, Saskatoon, SK
mib742@usask.ca

Abstract

Low protein diets have improved nitrogen (N) utilization, but dietary N for the endogenous synthesis of non-essential amino acids (NEAA) may be limiting. Inclusion of a non-protein nitrogen (NPN) may improve utilization of essential amino acids (EAA). A N-balance study was conducted, where 90 growing barrows were assigned to 1 of 10 dietary treatments. Diets contained no ammonium phosphate (NAP; EAA-N:TN of 0.56) or were supplemented with 1.7% ammonium phosphate (AP; EAA-N:TN of 0.50) with graded levels of dietary Lys [0.8%, 0.9%, 1.0%, 1.1% and 1.2% standardized ileal digestible (SID)]. Nitrogen retention (NR) was optimized at 1.00% SID Lys (15.6 g/d NR; $R^2 = 0.68$) in pigs fed NAP diets and 1.09% SID Lys (16.4 g/d NR; $R^2 = 0.61$) in pigs fed AP diets. Overall, a diet deficient in N (EAA-N:TN of 0.56) reduced NR and Lys requirement, which were increased with NPN supplementation. A follow-up study was conducted, where 240 mixed-sex growing pigs were housed in groups of 5 pigs/pen. Pens were assigned to 1 of 6 dietary treatments for 28 d. The same NAP and AP diets were used with graded Lys at 1.03%, 1.15% or 1.27% SID. Average daily gain and final body weight were maintained, feed intake reduced, and feed efficiency increased with AP inclusion. Greater lysine increased average daily gain and final body weight. Lean depth was increased in AP-fed pigs. Overall, including supplemental N, as NPN, can improve lean gain and feed efficiency while maintaining overall growth performance in growing pigs.

Keywords: non-protein nitrogen, lysine, swine

Résumé

Les régimes à faible teneur en protéines ont amélioré l'utilisation de l'azote (N), mais le N alimentaire nécessaire à la synthèse endogène des acides aminés non essentiels (AANE) peut être limité. L'inclusion d'azote d'origine non protéique (ANP) peut améliorer l'utilisation des acides aminés essentiels (AAE). Dans le cadre d'une étude sur le bilan azoté, 90 porcs castrés en croissance ont été assignés à l'un de 10 traitements alimentaires. Les régimes à différente concentration de Lys alimentaire (digestibilité iléale standardisée [DIS] de 0,8 %, 0,9 %, 1,0 %,

1,1 % et 1,2 %) ne contenaient aucun phosphate d'ammonium (APA; AAE-N:NT de 0,56) ou étaient additionnés de 1,7 % de phosphate d'ammonium (PA; AAE-N:NT de 0,50). La rétention d'azote (RA) a été optimisée à 1,00 % DIS Lys (15,6 g/j, RA; R^2 = 0,68) chez les porcs nourris avec les régimes APA et à 1,09 % DIS Lys (16,4 g/j, RA; R^2 = 0,61) chez les porcs nourris avec les régimes PA. Globalement, un régime déficient en N (AAE-N:NT de 0,56) a réduit les besoins en RN et en Lys; ces besoins ont augmenté avec la supplémentation en ANP. Dans le cadre d'une étude de suivi, 240 porcs en croissance mâles et femelles ont été gardés en groupes de 5 individus par enclos. Les enclos ont été affectés à l'un des 6 traitements alimentaires pendant 28 jours. Les mêmes régimes APA et PA ont été utilisés avec une gradation de Lys à 1,03 %, 1,15 % ou 1,27 % DIS. Avec l'ajout de PA, le gain moyen quotidien et le poids corporel final ont été maintenus, la prise alimentaire a été réduite et l'efficacité alimentaire a été améliorée. Une plus grande quantité de lysine a permis d'augmenter le gain moyen quotidien et le poids corporel final. Une augmentation de la profondeur du muscle a été observée chez les porcs nourris avec le régime additionné de PA. Dans l'ensemble, un supplément de N, sous forme d'ANP, peut améliorer le gain en tissu maigre et l'efficacité alimentaire tout en maintenant les performances de croissance globales chez les porcs en croissance.

ANAC SCHOLARSHIP RECIPIENT / RÉCIPIENDAIRE DE LA BOURSE D'ÉTUDES DE L'ANAC

Animal Nutrition Association of Canada

ANAC

Association de nutrition animale du Canada

HEALTHY OMEGA-3 FEED
Omega-3
Starch
Omega-3 — Protein
Starch & Protein
Protected fat (dairy)
Immunity response
Reproductivity improvements
Shelf-stable (> 14 months)
Omega-3 eggs, dairy and meat
A land-based sustainable choice
linPRO® by O&T Farms
Naturally Better
Call 306-543-4777 | www.otfarms.com

Research proven nutrition
to combat rising ingredient costs
www.halchemix.ca
halchemix@halchemixcanada.com
800-540-4756
HALCHEMIX

Towards integration of nutritive and functional attributes of feedstuffs in feeding programs for monogastric farm animals

Vers l'intégration des caractéristiques nutritives et fonctionnelles des ingrédients alimentaires dans les programmes d'alimentation des monogastriques d'élevage

E. G. Kiarie
Department of Animal Biosciences, University of Guelph, Guelph, ON
ekiarie@uoguelph.ca

Abstract

Pressure on feed cost is and will remain a decisive factor for profitability and sustainability in pork and poultry production. In the backdrop of soaring inflation, other production costs have escalated. Corollary minimizing the costs associated with production has never been of greater importance. Arguably, feed formulation is a precise science that seek to compute combination of feedstuffs to meet the requirement of an animal at least/best cost. Traditionally, the two primary factors that influence the selection of feedstuffs and relative proportion in a formulation are digestible nutrient content and cost. However, feedstuffs are exceedingly complex as they not only supply nutrients but also functional attributes with implications on animal performance and health. For example, anti-nutritional factors (ANF) such as phytic acid and indigestible components are recognized constraints in efficient utilization of feedstuffs that have led in wide acceptance of exogenous feed enzyme technologies. However, feed enzymes not only degrade ANF but ensuing hydrolysis products such as xylo-oligosaccharides, myoinositols can modulate gastrointestinal ecology and metabolism. Utility of highly digestible protein sources and specialty feedstuffs in starter feeding programs in alignment with immature gastrointestinal tract is a well-accepted concept. However, there is evidence to suggest implications extends through to grower and finisher phases linked to lifetime modulation of gut health and metabolism. The presentation will cover recent investigations in our laboratory and elsewhere on functional attributes of feedstuffs and highlight considerations for integration in wholesome feeding programs.

Keywords: feedstuffs, nutritive and functional value, feeding program, pigs, poultry

Résumé

La pression sur le coût des aliments est un facteur déterminant de la rentabilité et de la viabilité des secteurs porcin et avicole – et il le restera. Dans un contexte d'inflation galopante, d'autres coûts de production ont augmenté. Conséquemment, il n'a jamais été aussi important de réduire le plus possible les coûts associés à la production. La formulation des rations alimentaires est vraisemblablement une science exacte dont l'objectif est de trouver la combinaison d'ingrédients qui répond aux besoins d'un animal au moindre coût ou au meilleur coût. Historiquement, les deux principaux facteurs qui influencent le choix des ingrédients et leur proportion relative dans une ration sont la teneur en nutriments digestibles et le coût. Cependant, les ingrédients alimentaires sont extrêmement complexes car non seulement ils fournissent des nutriments, mais ils possèdent aussi des attributs fonctionnels dont les répercussions se font sentir sur les performances et la santé des animaux. Par exemple, les facteurs antinutritionnels tels que l'acide phytique et les composants non digestibles sont des contraintes connues qui nuisent à l'utilisation efficace des ingrédients alimentaires qui ont contribué à l'adoption massive des technologies d'enzymes alimentaires exogènes. Cependant, les produits d'hydrolyse qui résultent de la dégradation des facteurs antinutritionnels par les enzymes alimentaires, tels que les xylo-oligosaccharides et les myo-inositols, peuvent intervenir sur l'écologie et le métabolisme gastro-intestinaux. L'utilité dans les programmes d'alimentation de démarrage des sources de protéines hautement digestibles et des ingrédients spécialisés convenant à l'état d'immaturité du tube digestif est un concept bien accepté. Cependant, certaines indications suggèrent que les répercussions s'étendent aux phases de croissance et de finition et qu'elles sont liées à des effets modulateurs permanents sur la santé et le métabolisme intestinaux. Cet exposé couvrira les études récentes menées dans notre laboratoire et ailleurs portant sur les attributs fonctionnels des ingrédients alimentaires et mettra en évidence les aspects à considérer pour leur intégration dans les meilleurs programmes d'alimentation.

High dietary levels of zinc oxide modulate the metabolism of trace minerals and may be detrimental to post-weaning piglet health

La teneur élevée d'oxyde de zinc dans la ration module le métabolisme des oligo-éléments et peut être préjudiciable à la santé des porcelets après le sevrage

D. B. Dalto, J. J. Matte, J. Lapointe
Agriculture and Agri-Food Canada, Sherbrooke Research and Development Centre, Sherbrooke, QC
danyel.buenodalto@agr.gc.ca

Abstract

Despite environmental and public health (bacterial resistance) issues, supranutritional levels of zinc oxide (ZnO) are still commonly used to prevent diarrhea in post-weaning piglets. In Canada, these levels represent more than eight-fold the CFIA proposed maximum levels at 300 mg/kg. The limited knowledge of their consequences for the metabolism of trace minerals has hampered the replacement of this strategy without compromising piglet health. Our laboratory has performed a series of studies to better understand the impact of dietary Zn levels on trace minerals metabolism. In a bioavailability study, Zn concentrations of 200 mg/kg impaired Cu (20 mg/kg) intestinal absorption whereas in a metabolism study using supplemental Zn at 100, 1000, 3000 mg/kg and Cu at 130 mg/kg, Zn provision at 3000 mg/kg as ZnO was inadequately regulated by the organism with the potential induction of Cu and Fe deficiency under long-term supplementation during the post-weaning period. These results indicated that optimal dietary ratios among these minerals are needed to improve their homeostasis, and this was confirmed in another bioavailability study where a Zn/Cu ratio of 15:1, within nutritional levels, optimized the absorption of Zn and Cu. In a long-term metabolism study using different dietary Zn/Cu ratios (3000/130, 3000/6, 100/130, 100/6), the risk of Cu deficiency described above was confirmed and lower dietary Zn/Cu ratios were shown to optimize Cu without compromising Zn metabolism. In conclusion, dietary ZnO levels have a major contribution in modulating the metabolism of Zn, Cu, and Fe in post-weaning piglets, with potential detrimental health effects.

Keywords: copper, iron, metabolism, pig, zinc

Résumé

Malgré les enjeux environnementaux et de santé publique (résistance bactérienne) que cela soulève, on continue d'utiliser l'oxyde de zinc (ZnO) en concentrations souvent supérieures aux besoins nutritionnels pour prévenir la diarrhée chez les porcelets en post-sevrage. Au Canada, ces concentrations sont plus de huit fois supérieures aux valeurs maximales proposées par l'ACIA, soit 300 mg/kg. Le manque de connaissances quant aux conséquences de cette pratique sur le métabolisme des oligo-éléments a empêché qu'on puisse la remplacer sans compromettre la santé des porcelets. Nous avons réalisé dans notre laboratoire une série d'études pour mieux comprendre l'effet des concentrations de Zn alimentaire sur le métabolisme des oligo-éléments. Dans une étude de biodisponibilité, des concentrations de Zn de 200 mg/kg ont entravé l'absorption intestinale du Cu (20 mg/kg), tandis que dans une étude de métabolisme portant sur des suppléments de Zn à 100, 1000 et 3000 mg/kg et de Cu à 130 mg/kg, l'apport de 3000 mg/kg de Zn sous forme de ZnO a été mal régulé par l'organisme, créant potentiellement une carence en Cu et Fe, dans un contexte de supplémentation de longue durée pendant la période post-sevrage. Ces résultats indiquent que le rapport entre ces minéraux doit être optimal dans l'alimentation pour améliorer l'homéostasie, ce qui a été confirmé dans une autre étude de biodisponibilité où un rapport Zn/Cu de 15:1, les concentrations se situant à l'intérieur des limites des besoins nutritionnels, a permis d'optimiser l'absorption du Zn et du Cu. Dans une étude de métabolisme à long terme portant sur des régimes alimentaires avec rapport Zn/Cu différent (3000/130, 3000/6, 100/130, 100/6), le risque de carence en Cu décrit ci-dessus a été confirmé, et on a montré que des rapports Zn/Cu plus faibles optimisaient l'absorption du Cu sans compromettre le métabolisme du Zn. En conclusion, les concentrations de ZnO alimentaire ont une influence majeure sur la modulation du métabolisme du Zn, du Cu et du Fe chez les porcelets en post-sevrage et peuvent avoir des effets néfastes sur la santé.

Exploring seaweed supplementation as a tool to reduce antibiotic use and improve resilience to heat stress in poultry

Étude de l'emploi d'un complément alimentaire à base d'algues comme outil pour diminuer l'utilisation des antibiotiques et améliorer la résilience au stress thermique chez les volailles

B. Rathgeber
Department of Animal Science and Aquaculture, Dalhousie University, Truro, NS
brathgeber@dal.ca

Abstract

Canada's broiler chicken industry has taken great steps to reduce the use of antibiotics in production. Chicken Farmers of Canada successfully implemented a plan to remove both Category I and II antibiotics for preventive use from broiler feeds. There may be benefits from similar products for birds raised for egg production. Our research team has been involved in the evaluation of feed ingredients of marine origin. Seaweeds available off the Atlantic Coast of Canada were incorporated into broiler diets as potential alternatives to traditional antibiotics. Varying levels of success were achieved for broiler growth in the absence of antibiotics. In addition to these broiler studies, we have conducted studies with some of the same seaweeds included in laying hen diets. As the industry transitions away from conventional cages and is introduced to housing systems that allow birds to access manure there may be an increased need for the use of feed ingredients that beneficially modify the digestive tract microbiome. Evaluation of combinations of inclusion level and type of seaweed led to a challenge study where colonization of introduced Salmonella was diminished in the presence of dietary seaweed. We included heat stress treatments in seaweed feeding experiments with but were challenged to observe any impact on feed intake or product quality. In a series of studies, it was determined there are benefits to including certain seaweeds in the diet of poultry, that include modification of gut bacterial populations to improved growth performance in broiler chickens.

Keywords: seaweed, broilers, laying hens, prebiotic, performance

Résumé

L'industrie canadienne du poulet à griller a pris d'importantes mesures pour réduire l'utilisation des antibiotiques dans la production. Les Producteurs de poulet du Canada ont mis en œuvre avec succès un plan visant à retirer les antibiotiques des catégories I et II à usage préventif des aliments pour poulets à griller. Des produits similaires pourraient présenter des avantages chez les oiseaux élevés pour la production d'œufs. Notre équipe de recherche a participé à l'évaluation d'ingrédients alimentaires d'origine marine. Des algues marines provenant de la côte atlantique du Canada ont été incorporées aux régimes alimentaires des poulets à griller comme possibles solutions de remplacement des antibiotiques habituels. Des résultats variables ont été obtenus pour la croissance des poulets à griller en l'absence d'antibiotiques. En plus de ces études sur les poulets à griller, nous avons mené des travaux avec certaines de ces mêmes algues incorporées aux régimes des poules pondeuses. Au fur et à mesure que l'industrie abandonne les cages classiques et adopte des systèmes de production qui permettent aux oiseaux d'accéder au fumier, il pourrait devenir plus avantageux d'utiliser des ingrédients alimentaires qui modifient de manière bénéfique le microbiome du tube digestif. L'évaluation de diverses combinaisons de taux d'incorporation et de types d'algues nous a amenés à réaliser un essai de provocation dans lequel la colonisation par *Salmonella* a été réduite en présence d'algues dans la ration. Nous avons inclus des traitements de stress thermique dans les expériences d'alimentation avec les algues, mais nous avons eu du mal à observer un quelconque effet sur la consommation alimentaire ou la qualité du produit. Dans une série d'études, il a été démontré que l'inclusion de certaines algues dans le régime alimentaire des volailles présente des avantages, notamment la modification des populations de bactéries intestinales et l'amélioration des performances de croissance des poulets à griller.

Advancing energy and nutrient utilization for a resilient animal nutrition industry

Améliorer l'utilisation de l'énergie et des nutriments pour favoriser la résilience de l'industrie de l'alimentation animale

C. M. Nyachoti
Department of Animal Science, University of Manitoba, Winnipeg, MB
martin.nyachoti@umanitoba.ca

Abstract

Feed cost accounts for the largest proportion of the production cost of poultry and swine production. Further, the recent disruptions in the supply chain for feed ingredients and the continued consumer demand for food of animal origin that is sustainably produced dictates the need for solutions that utilize locally available resources. In the face of these challenges, significant progress towards a resilient Canadian animal nutrition industry can be realized by reducing dependency on international supply chains for inputs and enhancing utilization of locally produced crops and their co-products, especially using human non-edible feed sources to produce high-quality food of animal origin. Also, using nutritional principles to minimize the environmental footprint of livestock production is critical to the long-term sustainability of the livestock industry. To achieve these goals, locally produced feedstuffs and co-products must be fully characterized in terms of their chemical composition and nutritional value for different classes of poultry and swine. As energy, protein and phosphorus are the three most expensive components in poultry and swine diets, it is logical that any such efforts are directed at these components to meaningfully impact feed cost and mitigate the environmental footprint associated with livestock production. Based on this, there has been a concerted effort in the recent past in Canada to characterize established as well as novel feedstuffs in terms of their nutritive values and to examine the role of technology and processing techniques in enhancing energy and nutrient utilization. Results from these studies will be presented with a particular emphasis on energy, protein, and phosphorus utilization.

Keywords: feed cost, environmental impact, energy and nutrient utilization

Résumé

Les aliments comptent pour la plus grande part du coût de production des volailles et des porcs. De plus, les perturbations qui ont récemment secoué la chaîne d'approvisionnement des ingrédients alimentaires et la demande continue des consommateurs pour des aliments d'origine animale produits de façon durable commandent des solutions qui font appel à des ressources offertes localement. Pour aider à relever ces défis, il est possible de réaliser des progrès significatifs en faveur de la résilience de l'industrie canadienne de la nutrition animale en réduisant la dépendance aux chaînes d'approvisionnement internationales pour les intrants et en recourant davantage aux cultures produites localement et à leurs coproduits, en particulier par le recours à des sources d'aliments non comestibles pour les humains pour produire des aliments d'origine animale de haute qualité. De plus, l'application de certains principes nutritionnels destinés à minimiser l'empreinte environnementale de la production animale est essentielle à la viabilité à long terme de l'industrie de l'élevage. Pour atteindre ces objectifs, la composition chimique et la valeur nutritive pour différentes classes de volailles et de porcs des ingrédients alimentaires et coproduits fabriqués localement doivent être totalement caractérisées. Puisque l'énergie, les protéines et le phosphore sont les trois composants les plus coûteux des régimes alimentaires des volailles et des porcs, il est logique que toute l'attention se porte d'abord sur ces composants pour obtenir un effet significatif sur le coût des aliments et sur l'empreinte environnementale associée à la production animale. Dans ce contexte, un effort concerté a récemment été mené au Canada pour caractériser la valeur nutritive d'ingrédients alimentaires connus et nouveaux et examiner l'utilité de la technologie et des techniques de transformation pour améliorer l'utilisation de l'énergie et des nutriments. Les résultats de ces études seront présentés en insistant sur l'utilisation de l'énergie, des protéines et du phosphore.

KEES DE LANGE LECTURESHIP IN ANIMAL NUTRITION / CONFÉRENCE KEES DE LANGE EN NUTRITION ANIMALE

UNIVERSITY of GUELPH

ONTARIO AGRICULTURAL COLLEGE

DEPARTMENT OF ANIMAL BIOSCIENCES

Dietary inclusion of black soldier fly larvae meal (*Hermetia illucens*) promotes gut microbiota diversity in Lohmann Brown-Lite laying hens

L'inclusion de farine de larves de mouche soldat noire (*Hermetia illucens*) dans l'alimentation des poules pondeuses Lohmann Brown-Lite favorise la diversité du microbiote intestinal

J. Lu[1], H. Facey[1,2], J. MacIsaac[1], S. Collins[1]
[1] Dalhousie University, Faculty of Agriculture, Department Animal Science and Aquaculture, Truro, NS
[2] University of Guelph, Ontario Agricultural College, Department of Animal Biosciences, Guelph, ON
Jinglu@dal.ca

Abstract

Insect farming is water-efficient and reduces food waste while producing quality protein, making it a potential solution to food sustainability and food security issues. Black soldier fly larvae, as an excellent source of protein, calcium, and a bacteria-fermentable polysaccharide called chitin, is a promising poultry feed ingredient. A 20-week feeding trial was conducted to evaluate the effects of dietary inclusion of black soldier fly larvae meal (BSFM) on the gut microbiota and SCFA production of Lohmann Brown-Lite laying hens. Thirty-six conventional cages, each housing five birds, were randomly assigned to receive one of three diets, including a soybean and corn meal-based control diet, a diet containing 6.5% BSFM, or a diet containing 13% BSFM. At the end of the trial, cecal digesta samples from two birds per cage were combined and analyzed for microbial profile through the 16s rRNA sequencing method, as well as SCFA profile. The inclusion of BSFM had significant impacts on both bacteria diversity and composition in the ceca. The alpha diversity indices, including observed ASVs, Chao1, Shannon, and Inverse Simpson, increased linearly with the inclusion of BSFM. Additionally, dietary inclusion of BSFM significantly altered the cecal microbial composition. The increased diversity and shift in the microbes were due to significantly increased *Proteobacteria*, *Desulfobacterota*, and *Verrucomicrobiota*, and decreased *Actinobacteriota* at the phylum level. Unexpectedly, cecal SCFA showed minimal differences between the control and BSFM treatments. Overall, our findings suggest that dietary inclusion of BSFM encourages gut microbial diversity in Lohmann Brown-Lite laying hens.

Keywords: Insect meal, gut microbiome, poultry nutrition, short-chain fatty acid

Résumé

L'élevage d'insectes nécessite peu d'eau et réduit le gaspillage alimentaire tout en produisant des protéines de qualité, ce qui en fait une solution potentielle au problème de la durabilité des systèmes de production d'aliments et à celui de la sécurité alimentaire. Les larves de mouche soldat noire, parce qu'il s'agit d'une excellente source de protéines, de calcium et de polysaccharide fermentescible par des bactéries, la chitine, constituent un ingrédient prometteur pour l'alimentation des volailles. Un essai d'alimentation d'une durée de 20 semaines a été mené pour évaluer les effets de l'inclusion de farine de larves de mouche soldat noire (MSN) sur le microbiote intestinal et la production d'acides gras à courte chaîne (AGCC) chez des poules pondeuses Lohmann Brown-Lite. Trente-six cages classiques, contenant chacune cinq oiseaux, ont été assignées au hasard à l'un de trois régimes, soit un régime témoin à base de farine de maïs et de soya, un régime contenant 6,5 % de farine de MSN ou un régime contenant 13 % de farine de MSN. À la fin de l'essai, des échantillons de digesta cæcal provenant de deux oiseaux par cage ont été combinés et analysés pour en déterminer le profil microbien, par la méthode de séquençage du gène codant pour l'ARNr 16S, ainsi que le profil des AGCC. L'inclusion de farine de MSN a eu un effet significatif sur la diversité et la composition bactériennes dans les cæcums. Une augmentation linéaire des indices de diversité alpha, dont les VSA observés, Chao1, Shannon et inverse Simpson, a été enregistrée avec l'inclusion de farine de MSN. En outre, l'inclusion de farine de MSN a modifié de manière significative la composition microbienne cæcale. La plus grande diversité et les changements observés au sein du microbiote sont dus à une augmentation significative des organismes appartenant aux embranchements des *Proteobacteria*, *Desulfobacterota* et *Verrucomicrobiota* et à la diminution de ceux appartenant à celui des *Actinobacteriota*. Étonnamment, peu de différences ont été notées entre les profils d'AGCC cæcaux obtenus avec les régimes témoin et avec farine de MSN. Dans l'ensemble, nos résultats suggèrent que l'inclusion de farine de MSN dans l'alimentation des poules pondeuses Lohmann Brown-Lite favorise la diversité du microbiote intestinal.

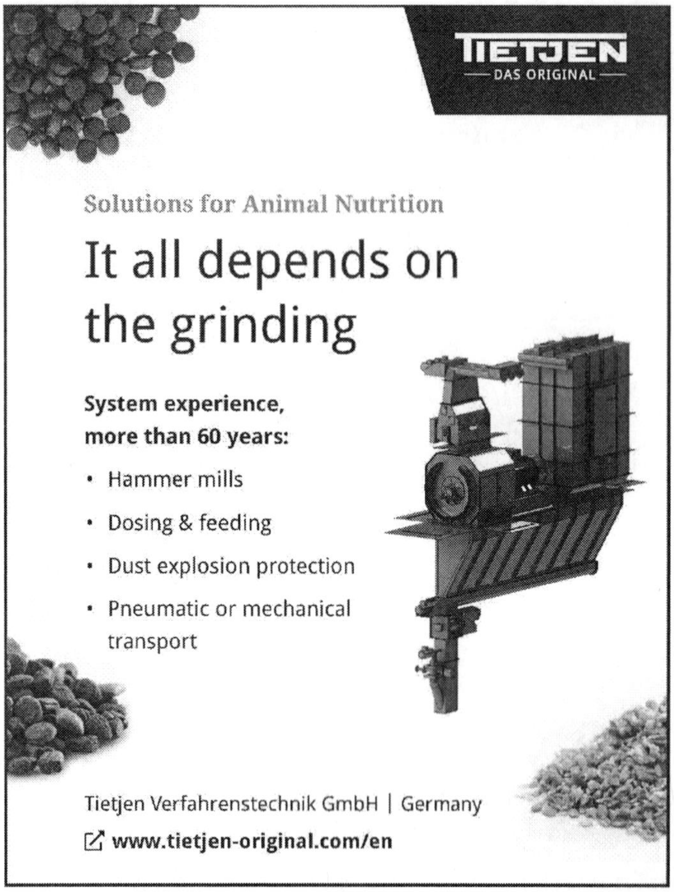
TIETJEN
DAS ORIGINAL
Solutions for Animal Nutrition
It all depends on the grinding
System experience, more than 60 years:
• Hammer mills
• Dosing & feeding
• Dust explosion protection
• Pneumatic or mechanical transport
Tietjen Verfahrenstechnik GmbH | Germany
www.tietjen-original.com/en

LALLEMAND ANIMAL NUTRITION
SPECIFIC FOR YOUR SUCCESS
We are committed to optimizing animal performance and well-being with specific natural microbial product and service solutions.
For more information, contact Theunis Wessels
+1 (403) 425-0004 | twessels@lallemand.com
LALLEMAND ANIMAL NUTRITION ■ SPECIFIC FOR YOUR SUCCESS
www.lallemandanimalnutrition.com
LALLEMAND

An integrated approach to precision nutrition
Creating more value together
SHUR-GAIN
trouw nutrition
a Nutreco company

A look to transition beyond the fresh pen: the impact of transition cow management on subsequent lactation and reproductive performance

Considérations sur la transition au-delà de l'enclos des vaches fraîches : répercussions de la gestion des vaches en transition sur la lactation suivante et la performance reproductive

E.S. Ribeiro, B. Mion, L. Ogilvie, M. Santos, N. Antonacci, B. Van Winters, G. Madureira
Department of Animal Biosciences, University of Guelph, Guelph, ON
eribeiro@uoguelph.ca

Abstract

The quality of the transition period is decisive for the success of the subsequent lactation cycle. Cows with a poorer transition produce less milk, take longer to become pregnant, and are more likely to lose pregnancy and to be culled from the herd, causing substantial economic losses. Investments in infrastructure, personnel, and nutrition focused on prevention and treatment of postpartum health problems, when effective, often result in an excellent return of investment because it minimizes the economic losses related to long-term effects of postpartum disease. Reduced feed intake, exacerbated inflammation, and oxidative stress seem to account for a large portion of the long-term consequences of an impaired transition period on cow performance. Thus, management strategies that counteract these features are potentially beneficial to transition health and subsequent performance. In this presentation, we will explore the supplementation of omega-3 fatty acids to fresh cows as a strategy to quickly change the fatty acids composition in circulation and to regulate postpartum inflammation; and the supplementation of organic trace minerals to transition cows as a strategy to enhance antioxidant capacity, immunity, and feed intake. Direct and indirect effects of these dietary supplements on reproduction of dairy cows will be discussed. Finally, we will explore additional factors affecting feed intake during the transition period, the importance of monitoring body condition score over time to access transition quality, and novel utilization of rumination activity information collected by wearable sensors.

Keywords: transition period, nutrition, health, fertility, culling

Résumé

La qualité de la période de transition est déterminante pour la réussite du cycle de lactation suivant. Les vaches qui connaissent une moins bonne période de transition produisent moins de lait, mettent plus de temps à concevoir et sont plus susceptibles d'avorter et d'être retirées du troupeau, ce qui entraîne des pertes économiques considérables. Les investissements réalisés dans les infrastructures, le personnel et la nutrition pour améliorer la prévention et le traitement des problèmes de santé post-partum, lorsqu'ils sont efficaces, sont souvent très rentables, car ils permettent de minimiser les pertes économiques liées aux effets à long terme des affections après vêlage. La diminution de la prise alimentaire, l'exacerbation de l'inflammation et le stress oxydatif semblent compter pour une large part des conséquences à long terme d'une transition difficile sur les performances des vaches. Par conséquent, toute stratégie de gestion susceptible de neutraliser ces problèmes est potentiellement bénéfique pour la santé des vaches en période de transition et les performances ultérieures. Dans cet exposé, nous examinerons la pertinence de la supplémentation en acides gras oméga-3 chez les vaches fraîches vêlées comme stratégie pour changer rapidement la composition des acides gras dans la circulation et pour réguler l'inflammation post-partum. Nous examinerons également la supplémentation en oligo-éléments organiques chez les vaches en transition comme stratégie pour améliorer la tolérance au stress oxydatif, l'immunité et la prise alimentaire. Les effets directs et indirects de ces compléments alimentaires sur la reproduction des vaches laitières seront abordés. Enfin, nous traiterons d'autres facteurs qui interviennent sur la prise alimentaire pendant la période de transition, de l'importance de surveiller l'état corporel des animaux au fil du temps pour parvenir à une transition de qualité et des nouvelles possibilités qu'offrent le suivi de l'activité ruminale par des capteurs portables.

Strategies to improve resiliency and recovery from stress in feedlot cattle

Stratégies visant à améliorer la résilience et la récupération après un stress chez les bovins en parc d'engraissement

S.L. Hansen
Department of Animal Science, Iowa State University, Ames, IA, USA
slhansen@iastate.edu

Abstract

Feedlot cattle deal with several stressors, from long-haul transportation to co-mingling, to large temperature swings. Nutritional strategies have potential to improve resiliency and recovery from stress in feedlot cattle, lessening the impact of those stressors on cattle welfare and the farmer's pocketbook.

Minerals and vitamins are critical components of cattle diets which support a wide range of biological functions related to stress responses. Vitamin C and E and several trace minerals support antioxidant function. We know trucking stress decreases cattle antioxidant status and have noted better feed intake and gains post-trucking in cattle given injectable vitamin C prior to trucking. The segmentation of the beef industry is one major challenge in how we address transit stress.

Trucking also causes muscle fatigue in cattle because they stand during transit, and we have observed supplemental Zn prior to trucking positively impacts return to pre-trucking feed intake levels and post-trucking average daily gains. Zinc is important in muscle energy metabolism. Others have shown Zn to support tighter barrier function in the intestine, and because all stressors cause cattle to go off feed to some extent, leaky gut is likely associated with most stressors. There is opportunity to design rations with proper mineral and vitamin inclusions to minimize impact of stressors on gut function and therefore, speed recovery from stress. This presentation will focus on work from our group and others that explore nutritional strategies to overcome transit stress, heat or cold stress, and disease stress.

Keywords: beef cattle, feedlot, minerals, stress, vitamins

Résumé

Les bovins en parc d'engraissement doivent faire face à plusieurs facteurs de stress, comme le transport longue distance, le regroupement et les variations importantes de température. Grâce à certaines stratégies nutritionnelles, il peut être possible d'améliorer la résilience et la récupération après un stress chez les bovins en parc d'engraissement et ainsi d'atténuer l'effet de ces facteurs de stress sur le bien-être des bovins et le portefeuille du producteur.

Les minéraux et les vitamines sont des composants essentiels du régime alimentaire des bovins qui interviennent dans un large éventail de fonctions biologiques liées aux réponses au stress. Les vitamines C et E et plusieurs oligo-éléments protègent la fonction antioxydante. Nous savons que le stress lié au transport par camion détériore le statut antioxydant des animaux, et nous avons constaté une amélioration de la consommation alimentaire et du gain après le transport chez les bovins ayant reçu de la vitamine C injectable avant l'événement. La segmentation de l'industrie bovine représente un défi majeur pour notre façon d'aborder le stress du transport.

Le transport entraîne également une fatigue musculaire chez les bovins parce qu'ils restent debout pendant le déplacement. Nous avons observé qu'une supplémentation en zinc (Zn) avant le transport a un effet positif sur le retour aux valeurs de consommation alimentaire d'avant le transport et sur les gains moyens quotidiens après le transport. Le Zn est important dans le métabolisme énergétique des muscles. D'autres ont montré que le Zn favorise le renforcement de la fonction de barrière intestinale, et, comme tous les facteurs de stress entraînent un certain arrêt de la consommation d'aliments, la plupart sont probablement associés à une hyperperméabilité intestinale. Il est possible de concevoir des rations comportant des teneurs en minéraux et vitamines appropriées pour réduire au minimum l'effet des facteurs de stress sur la fonction intestinale et, par conséquent, accélérer la récupération après l'exposition au stress. Cet exposé portera sur les travaux de notre groupe et d'autres qui explorent les stratégies nutritionnelles pour atténuer les effets du stress de transport, du stress associé à la chaleur ou au froid et du stress causé par la maladie.

Dairy goats are not small cows: feeding practices and challenges

Les chèvres laitières ne sont pas de petites vaches: pratiques d'alimentation et défis

R. J. Van Saun
Department of Veterinary & Biomedical Sciences, Pennsylvania State University, University Park, PA, USA
rjv10@psu.edu

Abstract

Dairy goats can be highly productive to the level of exceeding that of dairy cattle on a metabolic body size basis. Far too often and due to limited controlled research studies, feeding practices used for dairy cattle are extrapolated to feeding dairy goats. Similarly, commercial supplements are formulated for sheep and goats even though there are well known nutritional differences, namely copper nutrition where goats have a higher requirement like cattle. Goats are selective browsers compared to sheep and cattle that are more grass grazers. Selective browsing of goats can be advantageous in addressing parasite management; however, it makes for challenges in feed sorting. Limited research has addressed specific feeding practices for high producing goats. Using total mixed ration (TMR) feeding has shown selection against the longest (>75 mm) and smallest (< 4 mm) particle sizes by goats based on particle distribution using the Penn State Particle separator. Goats, in contrast to cows, more efficiently masticate their feed, especially grains, suggesting a lesser need for processing for improved digestion as in dairy cattle. Greater mastication coupled with pelleted or processed grains may predispose the consuming goat to episodes of ruminal acidosis and altered milk composition, especially in conventional feeding systems where supplemental feeds are provided at milking. Goats have a higher feed intake as a percent of body weight resulting in a faster rate of passage, which may limit fiber digestibility. As in all ruminant feeding systems, forage quality is of critical importance in supporting highly productive physiologic states.

Key words: dairy goats, feeding practices, browser, forage quality

Résumé

Les chèvres laitières peuvent être très productives, voire plus que les bovins laitiers, sur la base métabolique de leur taille. En raison du nombre limité d'études réalisées en milieu contrôlé, il arrive beaucoup trop souvent que les stratégies alimentaires utilisées chez les bovins laitiers sont appliquées par extrapolation aux chèvres laitières. De même, les compléments commerciaux sont formulés à la fois pour les moutons et les chèvres, bien qu'il existe des différences nutritionnelles, à savoir les besoins en cuivre qui sont plus élevés chez les chèvres, comme chez les bovins. Les chèvres sont des brouteurs plus sélectifs que les moutons et les bovins. Le broutage sélectif par les chèvres peut être avantageux dans le cadre de la gestion des parasites; cependant, il pose des problèmes de tri des aliments. Peu de recherches se sont penchées sur les pratiques alimentaires à appliquer spécifiquement chez les chèvres fortes productrices. L'utilisation de la ration totale mélangée (RTM) a montré une sélection en défaveur des particules les plus longues (>75 mm) et les plus courtes (< 4 mm) par les chèvres, d'après un schémas de distribution des particules réalisé à l'aide du séparateur de particules de Penn State. Les chèvres, contrairement aux vaches, mastiquent plus efficacement leurs aliments, en particulier les céréales, ce qui suggère qu'un degré moindre de transformation est nécessaire pour améliorer la digestion. Une mastication plus importante de grains granulés ou transformés peut prédisposer la chèvre à des épisodes d'acidose ruminale et entraîner une modification de la composition du lait, en particulier dans les systèmes d'alimentation classiques où des aliments complémentaires sont fournis au moment de la traite. Les chèvres consomment davantage d'aliment en pourcentage de leur poids corporel, ce qui se traduit par une vitesse de passage plus rapide des aliments et, donc, une moindre digestibilité des fibres. Comme dans tous les systèmes d'alimentation des ruminants, la qualité du fourrage est d'une importance capitale pour soutenir des états physiologiques hautement productifs.

Microbiome solutions: intervention opportunities to improve dairy calf health and performance

Interventions sur le microbiome : possibilités d'amélioration de la santé et des performances chez les veaux laitiers

L. Guan
Department of Agricultural, Food and Nutritional Science, University of Alberta
Edmonton, AB
lguan@ualberta.ca

Abstract

The development and maturation of the calf gut is an important process that significantly influences calf's growth and health during early life. More and more evidence indicate that the colonization and establishment of the gut microbiome can directly and indirectly influence animal's gut function including development and metabolism, nutrition absorption, barrier and immune function, endocrine and neuron transmitter secretions, which can impact animals' development and growth. The mammalian gut microbiome consists of diverse groups of prokaryotic and eukaryotic microbes, which colonize the gut immediately after birth with different succession orders and shifts dynamically in response to the environment factors (diet, management, farm and so on). The establishment of calf gut microbiome is a complex process and the establishment a stable and the maintenance of a balanced gut microbiota during early life can have a lifelong impact on their performance. Therefore, the intervention of gut microbiome to prevent and/or restore the microbial dysbiosis during early life has been considered as one of effective approaches to improve gut health. Direct fed microbes (live naturally existing microbes that can benefit host animals on health and production performance) with psychobiotic (a type of probiotic that affect cognitive and behavioral functions of the host via the gut-brain axis) function can be one of novel microbiome solutions to target and alter the microbiome dysbiosis. This presentation will highlight to date research of direct fed microbes and psychobiotics and their potential implications in improving calf health and productivity through manipulation of the gut microbiome in calves.

Keywords: calf, gut health, gut microbiome, direct fed microbes, psychobiotics

Résumé

Le développement et la maturation du tube digestif du veau sont des processus importants qui influencent considérablement la croissance et la santé de l'animal au début de sa vie. De plus en plus de données prouvent que la colonisation et l'établissement du microbiome intestinal peuvent influencer directement et indirectement la fonction intestinale, y compris le développement et le métabolisme, l'absorption des nutriments, les fonctions barrière et immunitaire et la sécrétion des transmetteurs endocriniens et neuronaux, ce qui peut avoir un effet sur le développement et la croissance des animaux. Le microbiome intestinal des mammifères se compose de divers groupes de microbes procaryotes et eucaryotes qui colonisent l'intestin dès la naissance, se succédant et se remplaçant de manière dynamique, selon différents séquences, en réponse aux facteurs environnementaux (alimentation, gestion, ferme, etc.). L'établissement du microbiome intestinal du veau est un processus complexe, et le maintien d'un microbiote intestinal stable et équilibré tôt dans la vie de l'animal peut influencer toute sa vie productive. Par conséquent, l'intervention sur le microbiome intestinal pour prévenir ou corriger la dysbiose microbienne au début de la vie a été considérée comme l'une des approches efficaces à utiliser pour améliorer la santé intestinale. La consommation directe de microbes (microbes vivants existant naturellement et pouvant être bénéfiques pour la santé et les performances de production des animaux hôtes) exerçant une fonction psychobiotique (un type de probiotique qui intervient sur les fonctions cognitives et comportementales de l'hôte via l'axe intestin-cerveau) peut être l'une des nouvelles solutions envisageables pour intervenir sur la dysbiose du microbiome et la corriger. Cet exposé mettra en évidence les recherches menées à ce jour sur l'administration directe de microbes et de psychobiotiques et leurs effets potentiels dans l'amélioration de la santé et de la productivité des veaux par la manipulation du microbiome intestinal.

Effects of lipid supplementation on milk composition and butter properties

Effets de la supplémentation en lipides sur la composition du lait et les propriétés du beurre

M. Landry[1,2], Y. Lebeuf[1,2], M. Blouin[2,3], F. Huot[1,2], J. Chamberland[2,3], G. Brisson[2,3], D.E. Santschi[4], É. Paquet[1], D.E. Rico[5], P.Y. Chouinard[1,2], and R. Gervais[1,2]
[1]Département des sciences animales, Université Laval, Québec, QC
[2]Centre de recherche en sciences et technologie du lait STELA, Québec, QC
[3]Département des sciences des aliments, Université Laval, Québec, QC
[4]Lactanet, Sainte-Anne-de-Bellevue, Québec, QC
[5]Centre de recherche en sciences animales de Deschambault, Québec, QC
myriam.landry.8@ulaval.ca

Abstract

This study aimed to evaluate the effects of four dietary lipid supplements on milk composition and butter properties. Ten multiparous Holstein cows (64±21 days in milk) were used in a replicated 5×5 Latin square design. Cows received a basal diet without supplementation (CTL) or with 2% (dry matter basis) fatty acids (FA) provided as soybean oil (SO), calcium salts of palm FA (CS), hydrogenated tallow FA (HT) or palmitic acid-enriched supplement (PA). Treatment periods lasted 21 days, the last five days being used for sample collection. On days 18 and 19, milk from consecutive milkings was collected, pooled by treatment, and refrigerated before being transferred to the pilot plant for butter manufacture. Intake of dry matter was similar between treatments (29.5±0.6 kg/day; $P = 0.14$). Milk yield was increased with SO compared with CTL (+8%; $P < 0.01$). Milk fat concentration decreased with SO compared with any other treatment (-11 to -17%; $P < 0.01$) and increased with PA compared with CS (+8%; $P = 0.04$). Fat yield was increased by PA compared with CTL (+11%; $P = 0.03$). Milk true protein concentration was greater for PA and CTL compared with CS or SO (+4%; $P < 0.01$). Protein yield was not affected ($P \geq 0.15$). At 20°C, butter made from PA milk was harder than any other treatment ($P \leq 0.01$), whereas at 4°C, PA butter was only harder than CS and SO ($P \leq 0.03$). At 20°C, SO butter was softer than CTL ($P < 0.01$).

Keywords: dairy cow, lipid supplement, butter

Résumé

Cette étude visait à évaluer les effets de quatre suppléments de lipides alimentaires sur la composition du lait et les propriétés du beurre. Dix vaches Holstein multipares (64±21 jours de lait) ont été utilisées et assignées à un protocole en carré latin répété de 5×5. Les vaches ont reçu un régime témoin sans supplémentation (CTL) ou avec 2 % (base de matière sèche) d'acides gras (FA) fournis sous forme d'huile de soya (SO), de sels de calcium d'acides gras de palme (CS), d'acides gras de suif hydrogéné (HT) ou de supplément enrichi en acide palmitique (PA). Les périodes de traitement ont duré 21 jours, les cinq derniers jours étant consacrés à la collecte des échantillons. Aux jours 18 et 19, le lait de traites consécutives a été recueilli, regroupé par traitement et réfrigéré avant d'être transféré dans l'usine pilote pour la fabrication de beurre. La consommation de matière sèche a été similaire pour tous les traitements (29,5±0,6 kg/jour; P = 0,14). Le rendement laitier a augmenté avec le traitement SO par rapport au témoin (+8 %; $P <$ 0,01). La teneur en matière grasse du lait a diminué avec le traitement SO par rapport à tout autre traitement (-11 à -17 %; $P <$ 0,01) et a augmenté avec le traitement PA par rapport au traitement CS (+8 %; $P =$ 0,04). Le rendement en matière grasse a augmenté avec le traitement PA par rapport au traitement témoin (+11 %; $P =$ 0,03). La teneur en protéine vraie du lait a été plus élevée avec les traitements PA et témoin qu'avec les traitements CS et SO (+4 %; $P <$ 0,01). Le rendement en protéine n'a pas été influencé ($P \geq$ 0,15). À 20 °C, le beurre fabriqué à partir de lait PA était plus dur que pour tout autre traitement ($P \leq$ 0,01), alors qu'à 4 °C, le beurre PA était seulement plus dur que le beurre CS et le beurre SO ($P \leq$ 0,03). À 20 °C, le beurre SO était plus tendre que le beurre témoin ($P <$ 0,01).

Raising resilient animals for optimal welfare on tomorrow's farms

Élever des animaux résilients pour optimiser le bien-être dans les fermes de demain

J. Ahloy-Dallaire
Département des sciences animales, Université Laval, Québec, QC
jamie.ahloy-dallaire.1@ulaval.ca

Abstract

Poor welfare can stem from a mismatch between challenges in the captive environment and those the animal, having evolved in a particular natural environment, is adapted to face. Most efforts to improve animal welfare involve reforming housing and husbandry to fit the animal. A complementary solution is to choose, or mold, the animal to better fit the environment. However, traits that are beneficial in one environment may be harmful in another, so this approach runs the risk of creating "specialist" animals, fit for only one specific environment. An alternative is to promote robust, "generalist" animals, resilient or adaptable enough to maintain good welfare in a wide variety of different environments. This is an important "future-proofing" measure, as production practices will continue to evolve in unpredictable ways, due to factors including shifting social expectations, technological developments, and climate change.

The primary goal of our ongoing pig research program is to characterize determinants and develop methods to promote robustness. Do some personality traits predispose animals to good welfare across all environments, and can they be selected for? Does juvenile play increase robustness, and can this be promoted by modifying juvenile housing? Finally, how does the social environment impact resistance to infectious disease, and can housing treatments that improve social dynamics also ameliorate health? We hope to find ways to create animals prepared to maintain good welfare on farms of the future, whatever these may resemble.

Keywords: animal welfare, resilience, robustness, pigs, animal behaviour

Résumé

Les mauvaises conditions de bien-être animal peuvent résulter de l'inadéquation entre les défis que présente la captivité et ceux auxquels l'animal, qui a évolué dans un environnement naturel particulier, est adapté. La plupart des interventions visant à améliorer le bien-être des animaux consistent à modifier les installations de logement et les conditions d'élevage pour les adapter à l'animal. Une solution complémentaire consiste à choisir ou à modeler l'animal pour qu'il s'adapte mieux à son environnement. Toutefois, les caractères qui sont bénéfiques dans un environnement peuvent être néfastes dans un autre, de sorte que cette approche risque de créer des animaux

« spécialisés », c'est-à-dire adaptés à un seul environnement spécifique. Une autre solution consiste à valoriser les animaux vigoureux et « généralistes », suffisamment résistants ou adaptables pour maintenir un bon niveau de bien-être dans de nombreux milieux différents. Il s'agit là d'une mesure importante de « pérennisation de l'avenir », dans un contexte où les pratiques de production continueront d'évoluer de manière imprévisible, en raison de facteurs tels que l'évolution des attentes sociales, les progrès technologiques et le changement climatique.

L'objectif principal de notre programme de recherche sur les porcs est de caractériser les déterminants et de développer des méthodes pour promouvoir la vigueur des animaux. Certains caractères prédisposent-ils les animaux au bien-être dans tous les milieux de production, et ces caractères peuvent-ils être sélectionnés? Le jeu en bas âge augmente-t-il la vigueur et peut-il être favorisé en modifiant les installations de logement des jeunes? Enfin, quel est l'impact de l'environnement social sur la résistance aux maladies infectieuses, et les interventions sur le logement qui améliorent la dynamique sociale peuvent-elles également améliorer la santé? Nous espérons trouver des moyens de créer des animaux préparés à maintenir un bon niveau de bien-être dans les fermes du futur, quelles qu'elles soient.

Graduate Student Posters
Affiches des étudiants

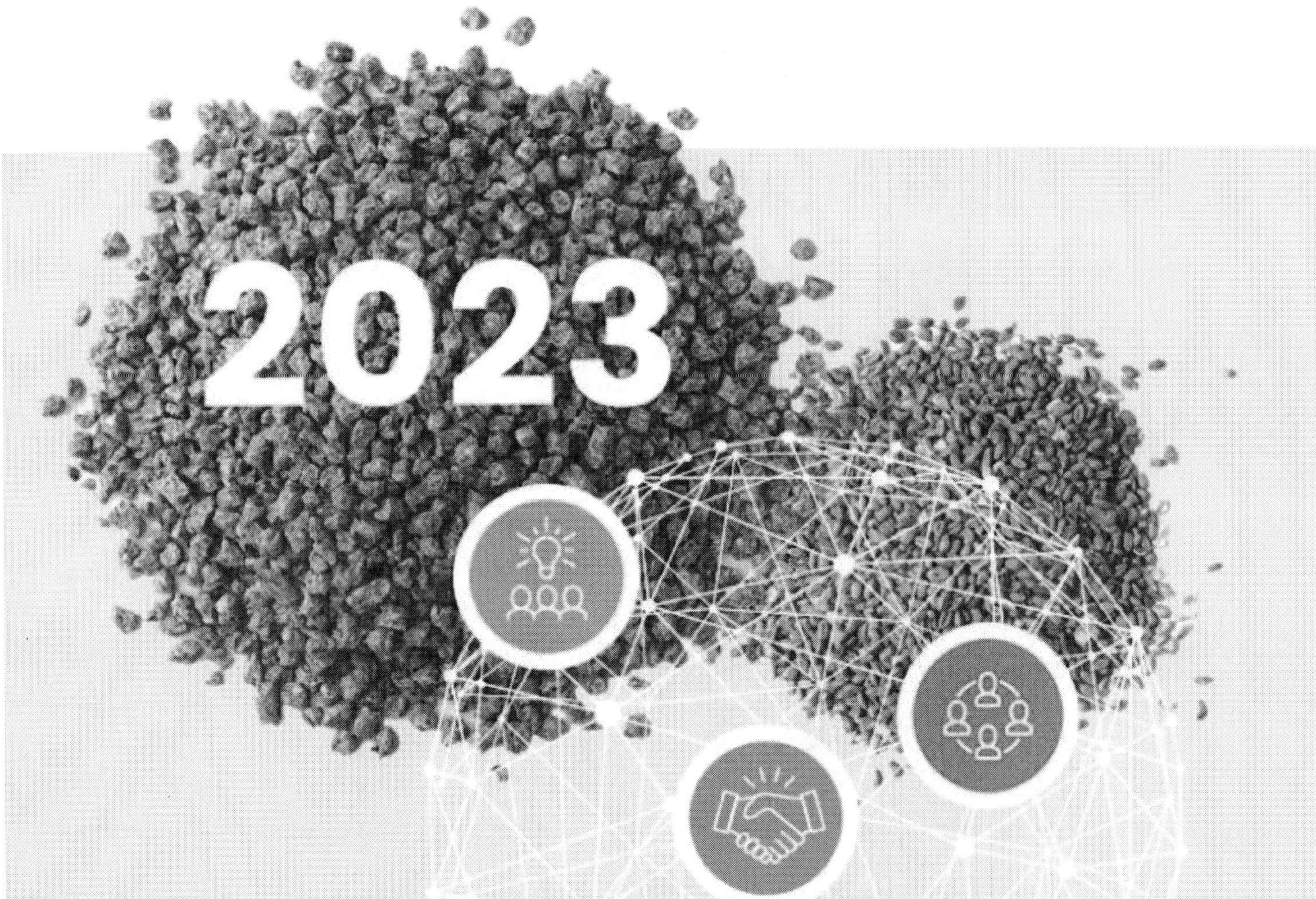

ANCC
CNAC

Alltech®
Proven nutritional
solutions for profitable and
sustainable
production.
Alltech.com/Canada
AlltechNaturally
@Alltech

Graduate Student Posters

Les affiches des étudiants de cycle supérieur

Visit the Graduate Student Poster Exhibition to learn from the next generation of livestock nutritionists. Posters will be on display in the Ballroom Foyer throughout the ANCC. You can also view each student's 3-minute video abstract by visiting the conference website or using the QR code.

Veuillez visiter l'exposition d'affiches pour étudiants de cycle supérieur pour apprendre de la prochaine génération de nutritionnistes du bétail. Les affiches seront exposées dans le foyer de la salle de bal pendant toute la durée du CNAC. Vous pouvez également visionner le résumé vidéo de 3-minutes (en anglais) de chaque étudiant sur le site web du colloque ou en utilisant le code QR.

Ruminant posters / *Les affiches sur les ruminants*

R1 - Titouan Chapelain, University of Guelph
Performances, serum profiles and gut permeability of dairy calves fed a milk replacer or whole milk at two levels of supply
Croissance, profil sanguin et perméabilité intestinale des veaux laitiers nourris au lait de remplacement ou au lait entier à deux niveaux d'alimentation différents

R2 - Carolina Reyes, University of Guelph
Insulin sensitivity of whole-body glucose, amino acid, and fatty acid metabolism in early and late lactation dairy cows
Sensibilité à l'insuline du métabolisme du glucose, des acides aminés et des acides gras corporels totaux chez les vaches laitières en début et en fin de lactation

R3 - Pradeep Velamala, McGill University
Effects of establishing perennial forages with annual sudangrass on forage yield and quality, and predicted milk yield
Effets de l'implantation de plantes fourragères vivaces en combinaison avec l'herbe du Soudan annuelle sur le rendement et la qualité des fourrages, et prédiction du rendement laitier

R4 - Jihao You, University of Guelph
Prediction of individual dry matter intake of lactating dairy cows using machine learning algorithms
Prédiction de la consommation individuelle de matière sèche des vaches laitières en lactation à l'aide d'algorithmes d'apprentissage automatique

Monogastric posters / *Les affiches sur les monogastriques*

M1 - Arantxa Asun Pinar, University of Manitoba
Standardized ileal digestibility of limiting amino acids of Manitoba soybean meal in broiler chickens
Digestibilité iléale standardisée des acides aminés limitants du tourteau de soya du Manitoba chez les poulets à griller

M2 - Felipe Andres Cerpa Aguila, Université Laval
Effects of medium-chain lipids on liver health and egg quality of hens
Effets des lipides à moyenne chaîne sur la santé hépatique des pondeuses et la qualité des œufs

M3 - Salma Chakroun, Université Laval
Use of milk polar lipids to improve intestinal integrity, health and growth performance of piglets
Utilisation des lipides polaires laitiers pour améliorer l'intégrité intestinale, la santé et les performances de croissance des porcelets

M4 - Bonnie Chau, University of Saskatchewan
Effect of increasing dietary pea starch content and diet particle size on performance and occurrence of gastric ulcers in finishing pigs
Effet de l'augmentation de la teneur en amidon de pois et de la taille des particules des aliments sur les performances et sur l'incidence d'ulcères gastriques chez les porcs de finition

M5 - Andy Che, University of Manitoba
Advancements in NIR calibration for estimation of nutritive value of canola meal and expeller-cold pressed canola using glucosinolates content
Utilisation de la teneur en glucosinolates pour améliorer l'étalonnage d'un NIR pour prédire la valeur nutritive du tourteau de canola et du canola de presse à froid

M6 - Erika David-Dandurand, University of Montréal
Selenium and vitamin E status of horses in Quebec
Bilan en sélénium et en vitamine E des chevaux au Québec

M7 - Jing Lu, Dalhousie University
Impacts of Black Soldier Fly Larvae meal on performance and egg quality of Brown Lohmann Lite layers
Effets de la farine de larves de mouche soldat noire sur les performances des pondeuses Brown Lohmann Lite et la qualité de leurs œufs

M8 - Cristhiam Jhoseph Munoz Alfonso, University of Guelph
The effect of increasing standardized ileal digestible methionine intake during early gestation on whole-body nitrogen retention and plasma metabolites in gilts
Effet de l'augmentation de l'apport en méthionine digestible iléale standardisée en début de gestation sur la rétention azotée corporelle totale et les métabolites plasmatiques chez les cochettes

M9 - Yanxing (Stella) Niu, University of Manitoba
The prebiotic effect of enzymatically-released bioactive components of canola meal fibre on gut health and growth performance of monogastric animals
Effet prébiotique des composants bioactifs libérés par voie enzymatique des fibres de tourteau de canola sur la santé intestinale et les performances de croissance des monogastriques

M10 - Felix Njeri, University of Guelph
Comparative growth performance, gizzard weight, nutrient retention, and ceca digesta short chain fatty acids in broiler chickens and turkeys in response to cereal grain type, fiber level, and multi-enzyme supplement fed from hatch to 28 days of life
Résultats comparatifs des performances de croissance, des poids de gésier, de la rétention des nutriments et des profils d'acides gras à courte chaîne du digesta caecal chez les poulets à griller et les dindons en fonction du type de céréales, de la teneur en fibres et du supplément multi-enzyme servis de l'éclosion à 28 jours de vie

M11 - Oluwakemi Omotosho, University of Manitoba
Expeller / cold-pressed canola (ECPC) and its nutritive value for growing pigs
Canola de presse / pressé à froid et sa valeur nutritive pour les porcs en croissance

M12 - Felipe Mathias Weber Hickmann, Université Laval
β-mannanase supplementation as a novel feeding strategy to mitigate the environmental impacts of pig feeding programs
La supplémentation en β-mannanase comme nouvelle stratégie d'alimentation pour atténuer les impacts environnementaux des programmes d'alimentation des porcs

M13 - Xiaoxiao Zhang, University of Manitoba
Effects of high canola meal inclusion in gestation and lactation diets with or without probiotic on nutrients digestibility of sows
Effets de l'inclusion d'une grande quantité de tourteau de canola dans les régimes de gestation et de lactation, avec ou sans probiotique, sur la digestibilité des nutriments chez les truies

SPONSORED BY / COMMANDITÉ PAR

SHUR-GAIN®

trouw nutrition

une entreprise de Nutreco

MARK YOUR CALENDARS

The Animal Nutrition Conference of Canada (**ANCC**) 2024 will take place **May 14-16, 2024** at the Fairmont Winnipeg.

MARQUEZ VOS CALENDRIERS

Le Colloque de Nutrition Animale du Canada (**CNAC**) 2024 aura lieu les **14 au 16 mai 2024** à l'hôtel Fairmont Winnipeg.

ANCC

ANIMAL NUTRITION CONFERENCE OF CANADA

CNAC

COLLOQUE DE NUTRITION ANIMALE DU CANADA

THANK YOU TO OUR SPONSORS MERCI À TOUS LES COMMANDITAIRES

PRE-CONFERENCE PRÉ-COLLOQUE

PROTEKTA | Jefo | PMT INC.

PLATINUM PLATINE

KEMIN

GOLD OR

Alltech | Barentz. Pestell | Cbs Bio Platforms

O&T Farms Naturally Better | SGS ONE STOP SHOP. FOR YOUR TESTING NEEDS.

MEDIA PARTNERS PARTENAIRES MÉDIAS

Engormix | sermo.farm CULTIVATED CONTENT | THE TROUGH

SILVER ARGENT

CANOLAMAZING Discover the amazing value of canola meal | DSM BRIGHT SCIENCE. BRIGHTER LIVING. | PROBIOTECH INTERNATIONAL | SHUR-GAIN trouw nutrition une entreprise de Nutreco

KEES DE LANGE LECTURESHIP IN ANIMAL NUTRITION
CONFÉRENCE COMMÉMORATIVE EN NUTRITION ANIMALE KEES DE LANGE

UNIVERSITY of GUELPH

BRONZE BRONZE

AGRIBUTION | HALCHEMIX research proven nutrition | LALLEMAND LALLEMAND ANIMAL NUTRITION | MORE THAN JUST FEED | WLT Distributors Inc.

SUPPORTING PARRAINAGE

ADISSEO A Bluestar Company | AGRIBUTION | Alltech | ANS Agri-Nutrient Solutions | APC | Cargill | CO-OP

COUNTRY JUNCTION FEEDS | Elanco | FLORADALE FEED MILL LIMITED | HUVEPHARMA | Masterfeeds an Alltech company | msp [RS] RESISTANT STARCH | NSC MINERALS

O&T Farms Naturally Better | ROBINSON BIOPRODUCTS INC | ROMER Romer Labs | Sollio Agriculture | Star Quality Samplers Inc | TIETJEN DAS ORIGINAL | TOURISME / MONTREAL

animalnutritionconference.ca